하루 10분,
우리 아이를 위한

영어
명언
100

초등 영어 명언으로 잡는다!

10ᵐ

> 하루 10분, <
우리 아이를 위한

영어
명언
100

Shakespeare
There is nothing either good or bad, but thinking makes it so.

Gogh
The only time I feel alive is when I'm painting.

Lincoln
… of the people, by the people, for the people …

Audrey Hepburn
For beautiful eyes, look for the good in others.

Marie Curie
Be less curious about people, and more curious about ideas.

Socrates
Know yourself.

크리쌤 이혜선 · 지니킴 김혜진 지음

부록 필사 노트 / 초등학생이 꼭 알아야 할 필수 단어 700개

로그인

Slow and steady wins the race.
느려도 착실하면 이긴다

저는 초등학생 쌍둥이 자매를 키우고 있습니다. 휴대폰과 컴퓨터 자판에 익숙한 요즘 아이들이 그렇듯 저희 쌍둥이 역시 쓰는 것을 좋아하지 않습니다. 하지만 딸들에게 영어를 가르치다 보니 어느 순간 손으로 쓰는 데도 신경 써야 하는 단계가 왔습니다. 읽었던 문장을 따라 쓰는 것, 즉 필사는 아이들이 스스로 작문을 하는 수준으로 가기 위해 알게 모르게 거치는 과정입니다. 필사를 하면서 아이들은 영어 단어와 문장을 정확하게 익히게 됩니다.

딸들의 필사 문장을 고르던 중 '명언'이 떠올랐습니다. 명언에는 저마다의 분야에서 성과를 이룬 위인들의 경험과 지혜가 녹아 있습니다. 엄마인 제가 채워주지 못하는 부분을 아이들이 배우길 바라는 마음으로 100개의 명언을 엄선했습니다. 하루 한 개의 좋은 문장을 아이들이 눈과 귀로 받아들이고, 입과 손으로 아웃풋하며 평생 마음에 품을 수 있는 인생 문장을 만나길 바라며 책을 구성했습니다.

딸들에게 그러했듯이, 이 책으로 필사를 시작하는 모든 아이들에게 제가 늘 마음에 담고 있는 명언을 들려드리고 싶습니다.

Slow and steady wins the race.(느려도 착실하면 이긴다.)

하루 한 문장을 마음에 담고, 글로 옮기고, 되새기는 과정에서 우리 아이들의 영어 실력과 마음이 한 뼘씩 더 성장하길 바랍니다.

_크리쌤 이혜선

No Sweat, No Sweet.
땀 없이 달콤함도 없다

영어를 잘하기 위해선 많은 노력을 해야 합니다. 하지만 노력을 했음에도 좋지 않은 결과가 나타나는 경우도 많습니다. 실제로 학교 현장과 온라인 강의를 통해 만난 학생들 가운데 상당수가 열심히 공부했는데도 실력이 늘지 않아 속상하다는 고민을 토로했습니다. 영어를 가르치는 사람으로서 이런 이야기를 들을 때마다 고민할 수밖에 없습니다. 도대체 무엇이 문제일까? 그런데 학생이나 학부모님들과 상담해 보면 매번 같은 지점에서 문제점이 발견됩니다. 학습한 내용을 잊어버리거나 응용하지 못한다는 점입니다. 이는 학습자가 단순 암기에 치중한 영어 학습을 한 결과입니다. 기억에 남지 않는 기계식 학습은 유의미한 학습(meaningful learning)이 될 수 없기에 열심히 공부하고도 배운 내용을 쉽게 잊어버리게 된 것입니다. 그렇다면 어떤 학습이 필요할까요?

현직 교사로 학생들의 실력 향상에 도움이 되는 학습법을 고민한 결과를 녹여낸 이 책은 학습자의 '유의미한 학습'에 초점을 맞췄습니다. 100명의 위인이 선사한 명언을 듣고, 해석하고, 필사하고, 명언의 의미를 되새기는 4단계 과정을 통해 학습자는 영어를 더 오래 기억하고 적재적소에 사용할 수 있을 것입니다. 더불어 100명의 위인과 함께하는 시간은 우리에게 인생의 지혜를 덤으로 제공해 줄 것입니다. 이 책과 함께하는 학생들과 학부모님의 땀방울이 달콤한 결실로 이어지길 바랍니다.

_**지니킴** 김혜진

차례

Part 1

Part 2

Part 3

Part 4

Part 5

01 교과서 연계

- 현직 교사와 대치동 강사가 영어 교과를 직접 분석!
- 초등 교과를 분석하여 100명의 위인과 명언을 엄선했다.
- 중복 없이, 누락 없이 핵심 문법과 구문을 동시에 익힌다.

02 세 마리 토끼를 한 번에!

- 명언만 읽었을 뿐인데 초등 영어 정복은 물론 사고력 증진까지!.

03 온몸으로 공부한다

- 낭독과 필사를 통해 핵심 내용을 효과적으로 학습한다.

04 작은 성취가 쌓여 실력이 된다

- 하루 10분 부담 없는 공부로 자기 주도 학습이 가능하다.

QR코드 음성듣기

영국 원어민과 미국 원어민의
음성으로 들을 수 있습니다.

교과 연계

초등 교과서 분석을 통해
연계된 교과 내용을
알려줍니다.

난이도

별의 개수로
명언의 난이도를
파악할 수 있습니다.

Day 21

관련 교과 [사회 5-1] 12. 인권을 존중하는 삶 | ★ ☆ ☆

Patience is bitter, but its fruit is sweet.

인내는 쓰나 그 열매는 달다.

_장 자크 루소(Jean Jacques Rousseau, 1712~1778)

오늘의 명언

위인의 명언을
제시하고 해석합니다.

Step 1 핵심 포인트

patience 인내 bitter 맛이 쓴 fruit 과일, 열매 sweet 달콤한

its는 '그것의'라고 해석하며 소유를 나타낼 때 사용하는 표현입니다. '~의'로 해석하며 소유를 의미를 나타내는 단어들은 아래와 표와 같습니다.

my	our	your	her	his	their
나의	우리의	너의	그녀의	그의	그(것)들의

Mike is **my** best friend. I like **his** friends, too.

마이크는 나의 가장 친한 친구다. 나는 그의 친구들도 좋아한다. (his=Mike's)

Don't judge a book by **its** cover.

그것(책)의 표지로 책을 판단하지 마라. (its=the book's)

**step 1_
핵심 포인트**

명언을 이해하는 데
필요한 핵심 단어와
문법(숙어)을 제시합니다.
연계된 교과 내용을 함께
제시하여 학습 효과를
높였습니다.

step 2_
문장 해석

자기 주도 학습을 돕기 위해
끊어 읽기를 표시했습니다.

step 3_
낭독 & 필사하기

유의미한 학습을 위해 '낭독'과 '필사'를
과제로 제시하여 온몸으로 명언을 학습
할 수 있게 설계했습니다.

Step 2 문장 해석

Patience is bitter / but / **its** fruit is sweet.

인내는 쓰다 / 하지만 / 그것(인내)의 열매는 달다

→ 인내는 쓰나 그것의 열매는 달다.

Step 3 낭독 & 필사하기

명언을 큰 소리로 여러 번 읽어보고 필사하면서 되새겨 보세요.

_____

_____

_____

Step 4 인물 & 명언 살펴보기

루소는 프랑스의 사상가이자 교육론자입니다. 그는 《사회계약론》을 통해 올바른 국가는 국민의 자유와 평등을 보장해야 한다고 주장했습니다. 또한 《에밀》을 통해서는 개인의 개성과 경험을 중시하는 자연주의 교육이 바람직하다고 주장했습니다. 오늘의 명언은 인내를 맛에 비유하고 있습니다. 인내는 쓴맛이 나는 음식처럼 견디기 힘든 일이지만 인내 후에는 좋은 성과라는 달콤한 열매를 맛볼 수 있다는 의미입니다.

생각해 보기

여러분은 힘들게 노력한 후 보람을 느껴본 적이 있나요?

step 4_
인물 & 명언 살펴보기

위인의 삶과 명언의 의미를
통해 영어 명언을 쉽게
이해할 수 있는 배경지식을
제공합니다.

생각해 보기

명언과 관련된 질문을 해보는
과정을 통해 삶의 지혜를
얻을 수 있습니다.

영어 문장을 이루는 8가지 품사

명사

사람 또는 사물의 이름을 나타내는 말

girl   apple   dog

대명사

명사의 이름을 대신하는 말

he   she

they

동사

사람이나 사물의 움직임과 상태를
나타내는 말

run

eat

swim

형용사

명사를 설명하거나 꾸며 주는 말

a cute rabbit

a strong boy

부사

동사, 형용사, 부사, 문장 전체를
수식하는 말

The boy sings <u>loudly</u>.

전치사

명사 앞에서 위치, 방향을 나타내주는 말

The ball is <u>in</u> the box

접속사

단어와 단어, 문장과 문장을
연결해주는 말

a cat <u>and</u> a bear

감탄사

놀람, 기쁨, 슬픔 등 감정을 나타내는 말

What a surprise!

Barack Obama

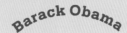

The only time
I feel alive is
when I'm painting.

Gogh

Know yourself.

Socrates

Change is never easy but always possible.

변화는 결코 쉽지는 않지만 항상 가능하다.

PART
1

Day 01 - Day 20

Know yourself.

너 자신을 알라.

_소크라테스(Socrates, 기원전 470 ~ 기원전 399)

Step 1 핵심 포인트

know 알다, 알고 있다   **yourself** 너 자신

'너 자신을 알라'처럼 무언가를 지시하거나 명령하는 문장을 **명령문**이라고 합니다. 일반적으로 **명령문**은 주어를 생략하고 동사로 문장을 시작합니다.

예 **Open** the door. 문 열어.

Please **be** quiet in class. 수업 중에는 조용히 해주세요.

※ 명령문의 앞이나 뒤에 'please'를 넣으면 공손한 표현이 됩니다.

Step 2 문장 해석

Know / yourself.

알아라 / 너 자신

→ 너 자신을 알라.

낭독 & 필사하기

명언을 큰 소리로 여러 번 읽어보고 필사하면서 되새겨 보세요.

_____

_____

_____

Step
4

인물 & 명언 살펴보기

소크라테스는 플라톤, 아리스토텔레스와 함께 고대 그리스의 대표적인 철학자였습니다. 소크라테스는 직접적으로 설교하거나 가르치지 않고 질문에 대답을 하는 동안 자연스럽게 깨닫도록 이끄는 방식인 문답법을 중요하게 생각했습니다. 오늘의 명언은 자신을 되돌아보고 모르는 게 많음을 깨달으라는 의미입니다. 모르는 것이 많음을 인정할 때 우리는 더 많은 것을 배울 수 있을 것입니다.

생각해 보기   스스로를 돌아보며 자신을 알아가는 것이 왜 중요할까요?

Turn your wounds into wisdom.

당신의 상처를 지혜로 바꾸세요.

_오프라 윈프리(Oprah Gail Winfrey, 1954~　)

 핵심 포인트

wound 상처, 부상　**wisdom** 지혜

※ '상처'의 의미를 가진 또 다른 단어
cut 베이거나 긁힌 상처　예 cuts on the face 얼굴의 상처들
injury 부상에 의한 상처　예 a head injury 머리 부상
hurt 몸(신체)의 상처 또는 마음의 상처　예 hurt of childhood 어린 시절 상처

---

turn A into B 는 'A를 B로 바꾸다'로 해석합니다.
예 Elsa **turned** water **into** the ice. 엘사는 물을 얼음으로 바꿨다.

문장 해석

Turn / your wounds / **into** / wisdom.

바꿔라 / 너의 상처들 / ~로 / 지혜

→ **너의 상처들을 지혜로 바꿔라.**

낭독 & 필사하기

명언을 큰 소리로 여러 번 읽어보고 필사하면서 되새겨 보세요.

_____

_____

_____

인물 & 명언 살펴보기

오프라 윈프리는 세계가 주목한 '오프라 윈프리 쇼'를 20년 넘게 진행한 미국의 여성 방송인입니다. 가난과 학대를 당하는 어려운 환경 속에서도 자신의 꿈을 위해 노력하여 〈타임스〉가 선정한 '세계에서 가장 영향력 있는 100인'에 이름을 올리기도 했습니다. 오늘의 명언은 자신의 상처를 불행한 기억으로 남기기 보다 상처받은 경험으로부터 배움을 얻고 좋은 방향으로 성장해 나가라는 의미입니다.

**생각해
보기** 　힘들었던 경험이 나중에 도움이 되었던 적이 있나요?

See differently, think differently.

남다르게 바라보고, 남다르게 생각하라.

_데이비드 호크니(David Hockney, 1937~)

핵심 포인트

see 보다   think 생각하다

형용사에 '**-ly**'를 붙이면 '**~하게**'라고 해석합니다. 이는 부사로 문장에서 동사, 형용사,
부사를 더 자세히 꾸며줍니다.

형 bad 나쁜	형 safe 안전한	형 quick 빠른	형 different 다른
↓	↓	↓	↓
부 badly 나쁘게	부 safely 안전하게	부 quickly 빠르게	부 differently 다르게

예 He is different. He thinks **differently**. 그는 다르다. 그는 다르게 생각한다.

※ 부사
문장에서 동사, 형용사, 부사를 더 자세하게 꾸며 주는 말입니다.

문장 해석

See / **differently**, / think / **differently**.

보라 / 다르게 / 생각하라 / 다르게

→ 다르게 보고, 다르게 생각하라.

낭독 & 필사하기

명언을 큰 소리로 여러 번 읽어보고 필사하면서 되새겨 보세요.

_____

_____

_____

인물 & 명언 살펴보기

데이비드 호크니는 영국의 팝 아트 화가이자 사진작가입니다. 유화, 판화, 수채화, 무대 디자인, 사진 콜라주 등 다양한 영역에서 창의적인 작품을 만들었습니다. 호크니는 주로 일상의 풍경과 친구, 집 같은 주변의 친숙한 소재를 자신만의 해석을 통해 창의적으로 표현해 냈습니다. 대표작으로 〈더 큰 첨벙〉〈클라크 부부와 퍼시〉 등이 있습니다. 오늘의 명언은 주변의 사물을 다르게 보고 창의적으로 생각하는 것의 중요성을 알려줍니다.

생각해
보기

여러분의 가족이나 친구들을 창의적인 방법으로 묘사해 보세요.

Don't find fault, find a remedy.

잘못을 찾지 말고 해결책을 찾아라.

_헨리 포드(Henry Ford, 1863~1947)

Step 1 핵심 포인트

find 찾다 fault 잘못, 책임 remedy 해결책, 치료

듣는 사람에게 '**~하지 말라**'고 명령할 때는 문장 앞에 '**Don't**'를 사용합니다.

예 **Don't** touch me. 나를 건드리지 마.

Don't pick the flower. 그 꽃을 꺾지 마.

Step 2 문장 해석

Don't find / fault, / find / a remedy.

찾지 마라 / 잘못을 / 찾아라 / 해결책을

→ 잘못을 찾지 말고 해결책을 찾아라.

명언을 큰 소리로 여러 번 읽어보고 필사하면서 되새겨 보세요.

_____

_____

_____

Step 4

인물 & 명언 살펴보기

헨리 포드는 세계적인 자동차 회사 '포드'의 창립자입니다. 어린 시절부터 기계에 관심이 많았던 헨리 포드는 증기 자동차를 보고 큰 매력을 느꼈습니다. 도시에서 기계공으로 일하며 자동차 가솔린 엔진을 개발하고 사륜마차에 가솔린 엔진을 얹은 자동차를 만들었습니다. 자동차가 부자들의 사치품이 아닌 대중적인 이동 수단이 되어야 한다고 생각한 헨리 포드는 자동차 대량 생산 시스템을 도입하여 자동차의 대중화에 기여합니다. 오늘의 명언은 무엇을 잘못했느냐에 집중하기보다 잘못된 부분을 해결할 수 있는 방안이 무엇인지에 집중해야 한다는 의미입니다.

생각해 보기

여러분은 지금 마음에 걸리는 문제가 있나요? 그 문제를 해결하려면 무엇을 해야 할까요?

Don't follow the crowd, let the crowd follow you.

군중을 따르지 말고, 군중이 당신을 따르게 하라.

_마가렛 대처(Margaret Hilda Thatcher, 1925~2013)

Step 1 핵심 포인트

follow 따르다   crowd 군중

Let + A + 동사원형은 'A가 ~하도록 시키다(하다)'로 해석합니다.

예 Mom **let me clean** the room. 엄마는 내가 방을 청소하도록 시켰다.

Let me help her. 내가 그녀를 돕게 해줘.

※ 동사원형
동사의 변형이 없는 원래 형태를 말합니다.

Step 2 문장 해석

Don't follow / the crowd, / **let the crowd follow** / you.

쫓아가지 마라 / 군중을 / 군중이 따르도록 시켜라 / 너를

→ 군중을 쫓아가지 말고, 군중이 너를 따르도록 시켜라.

낭독 & 필사하기

명언을 큰 소리로 여러 번 읽어보고 필사하면서 되새겨 보세요.

_____

_____

_____

인물 & 명언 살펴보기

마거릿 대처는 영국 최초의 여성 총리로 획기적인 정책 추진과 단호한 정부 운영으로
'철의 여인'이라 불렸습니다. 영국 경제를 부흥하게 하고 정치적으로도 역량을 인정받
아 영국 사상 최초 3회 연속하여 총리로 선출되었습니다. 오늘의 명언은 진정한 리더
는 자신의 역량을 분명하게 보여주어 국민들이 스스로 리더의 뜻에 따르도록 만들어
야 한다는 뜻입니다.

생각해
보기

여러분은 리더에게 가장 필요한 요건은 무엇이라고 생각하나요?

Never the last without the first.
That is the law.

시작 없는 끝은 없다. 그것이 법칙이다.

_조지 맬러리(George Herbert Leigh Mallory, 1886~1924)

 핵심 포인트

Step 1

first 처음, 첫 번째 last 마지막 law 법칙

----

never는 '**결코 ~않다**'로 해석하며 부정의 의미를 나타냅니다.

예 **Never** give up. 결코 포기하지 마라.

You **never** help me. 너는 결코 나를 도와주지 않는다.

Step 2 **문장 해석**

Never / the last / without the first. / That is the law.

결코 ~않다 / 마지막 / 처음이 없는 / 그것이 법칙이다.

→ **결코 처음이 없는 마지막은 없다. 그것이 법칙이다.**

명언을 큰 소리로 여러 번 읽어보고 필사하면서 되새겨 보세요.

Step 4 인물 & 명언 살펴보기

조지 맬러리는 영국의 등산가로, 1921년 제1차 에베레스트 등반대원으로 선발되었습니다. 두 번의 정상 도전에 실패한 뒤 세 번째 도전을 앞둔 기자회견장에서 "왜 실패해도 또 산을 오르나요?"라는 기자의 질문에 "산이 거기 있기 때문에 오릅니다."라는 유명한 말을 남겼습니다. 맬러리에게 에베레스트 등반은 무언가를 얻기 위한 일이 아닌 도전 그 자체였습니다. 오늘의 명언은 원하는 결과를 얻기 위해서는 반드시 무언가를 시작해야 한다는 뜻입니다.

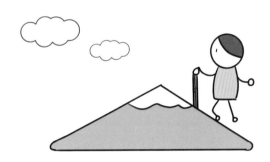

생각해 보기 최근에 새롭게 도전한 것이 있나요?

Never be afraid to attack wrong.

잘못된 일을 공격하는 걸 두려워해서는 안 된다.

_조지프 퓰리처(Joseph Pulitzer, 1847~1911)

Step 1 핵심 포인트

attack 공격하다   **wrong** 잘못된, 잘못된 것

be afraid to + 동사원형은 '**~하는 것을 두려워하다**'로 해석합니다.

예 Don't **be afraid to** fail. 실패하는 것을 두려워하지 마라.

I **am** not **afraid to** say "no". 나는 "아니"라고 말하는 것을 두려워하지 않는다.

Step 2 문장 해석

Never / **be afraid to** / attack wrong.

결코 ~않다 / ~하는 것을 두려워하다 / 잘못된 것을 공격하다

→ 잘못된 것을 공격하는 것을 결코 두려워하지 마라.

Step 3 낭독 & 필사하기

명언을 큰 소리로 여러 번 읽어보고 필사하면서 되새겨 보세요.

_____

_____

_____

Step 4 인물 & 명언 살펴보기

조지프 퓰리처는 미국의 언론인 겸 경영인입니다. 헝가리 출신의 가난한 이민자였지만 사람의 마음을 움직이는 기사와 진실을 밝히는 언론인으로서 큰 성공을 거뒀습니다. 하지만 신문의 인기를 위해 자극적인 기사를 남발하는 '황색 언론(yellow journalism)'을 주도하기도 했습니다. 훗날 이를 후회하며 1971년 가장 훌륭한 기사를 쓴 기자에게 주는 언론인들의 노벨상인 '퓰리처상'을 만들었습니다. 오늘의 명언은 퓰리처가 꿈꾼 언론인의 이상향을 보여줍니다. 참된 언론인은 대중을 위해 펜을 들어 잘못된 사회 현상을 알리는 데 망설이지 말아야 한다는 의미입니다.

생각해 보기

여러분은 어떤 기사를 좋은 기사라고 생각하나요?

I think, therefore I am.

나는 생각한다, 고로 나는 존재한다.

_르네 데카르트(René Descartes, 1596~1650)

Step 1 핵심 포인트

think 생각하다 therefore 그러므로

am, are, is를 '**be 동사**'라 부르며 '~이다'(존재하다) 로 해석합니다. Be 동사는 앞에 나오는 단어(주어)에 따라 형태가 결정됩니다.

I	am	예 **I am** a student. 나는 학생이다.
You / We / They	are	예 We **are** students. 우리는 학생이다.
He / She	is	예 She **is** a student. 그녀는 학생이다.

Step 2 문장 해석

I think, / therefore / I am.

나는 생각한다 / 그러므로 / 나는 ~이다(존재한다)

→ 나는 생각한다. 그러므로 나는 존재한다.

낭독 & 필사하기

명언을 큰 소리로 여러 번 읽어보고 필사하면서 되새겨 보세요.

_____

_____

_____

Step
4

인물 & 명언 살펴보기

'기하학의 아버지'로 불리는 데카르트는 프랑스 출신의 수학자이자 철학자입니다. 데카르트는 어느 날 천장에 붙어 있는 파리의 위치를 나타낼 방법을 고민한 끝에 좌표를 발견합니다. 또한 그는 '근대 철학의 아버지'로 조금이라도 확실하지 않은 것은 의심을 통해 진리를 찾아내야 한다는 합리론을 발전시켰습니다. 이 과정에서 '모든 것을 의심하는 나'는 의심할 필요 없이 '존재'하고 있다는 사실을 깨닫습니다. 오늘의 명언은 무언가에 대해 생각하고 의심하는 것이야말로 내가 이 세상에 존재하고 있다는 것을 증명해 준다는 의미입니다.

생각해
보기

"나는 생각한다, _____."에 들어갈 표현을 자유롭게 적어 보세요.

Peace is not everything,
but without peace, everything is nothing.

평화가 모든 것은 아니지만 평화 없이는 모든 것이 아무것도 아니다.

_빌리 브란트(Willy Brandt, 1913-1992)

Step 1 핵심 포인트

peace 평화   everything 모든 것, 전부   without ~없이   nothing 아무것도 아닌 것

be 동사(am, are, is) 뒤에 **not**을 붙이면 '**~이 아니다**'로 해석합니다.

  ※ be 동사와 not은 줄여 쓸 수 있습니다. 하지만 <u>am not은 줄여 쓰지 않습니다.</u>
     예 ① am not ≠ amn't ② is not = isn't ③ are not = aren't

   예 I am a student. 나는 학생이다. ↔ I **am not** a student. 나는 학생이 아니다.
   예 He is a student. 그는 학생이다. ↔ He **is not**(= **isn't**) a student. 그는 학생이 아니다.

Step 2 문장 해석

Peace / **is not** everything, / but without peace, / everything is nothing.
평화는 / 모든 것이 아니다 / 하지만 평화 없이는 / 모든 것이 아무것도 아니다.

→ 평화는 모든 것이 아니다, 하지만 평화 없이는 모든 것이 아무것도 아니다.

Step 3 낭독 & 필사하기

명언을 큰 소리로 여러 번 읽어보고 필사하면서 되새겨 보세요.

Step 4 인물 & 명언 살펴보기

빌리 브란트는 '독일 통일의 아버지'로 칭송받는 정치인입니다. 브란트는 독일 나치에 의해 희생된 유태인들의 추모비 앞에서 무릎을 꿇고 헌화하며 과거사에 대해 진심으로 사과한 것으로 유명합니다. 이 조용한 사과(silent apology)는 현재까지도 많은 사람들에게 회자되며 기억되고 있습니다. 또한 브란트는 동독과 서독의 화해 정책인 '동방 정책'으로도 잘 알려져 있습니다. 이 정책을 계기로 독일은 통일을 할 수 있었으며 이후 공적을 인정받아 1971년 노벨평화상을 수상합니다. 오늘의 명언은 평화가 그 어떤 것보다 중요한 것임을 알려주고 있습니다.

> **생각해 보기**
> 여러분은 평화가 왜 중요하다고 생각하나요?

Am I doing the most important thing I could be doing?

나는 내가 할 수 있는 일 중에서 가장 중요한 일을 하고 있는가?

_마크 저커버그(Mark Elliot Zuckerberg, 1984~)

핵심 포인트

(the) most 가장 important 중요한 thing ~것, 물건

be 동사가 있는 문장을 **의문문**으로 만들 때 **주어**와 **동사**의 위치를 **바꿔**주면 됩니다.

 She is a student. 그녀는 학생입니다.

╳

Is she a student? 그녀는 학생입니까?

문장 해석

Am I doing / the most important thing / I could be doing?

나는 하고 있을까 / 가장 중요한 것 / 내가 할 수 있는

→ 나는 내가 할 수 있는 가장 중요한 것을 하고 있을까?

Step 3 낭독 & 필사하기

명언을 큰 소리로 여러 번 읽어보고 필사하면서 되새겨 보세요.

_____

_____

_____

Step 4 인물 & 명언 살펴보기

마크 저커버그는 소셜미디어 '페이스북'의 창업자로, 21세기를 이끌어갈 혁신적인 기업가로 인정받고 있는 인물입니다. 어려서부터 컴퓨터에 재능을 보였던 그는 하버드 대학에 입학한 뒤 친구들과 동문을 관리하는 프로그램을 개발했는데, 이것이 페이스북의 시초입니다. 그는 대부분의 시간을 최고의 제품과 서비스를 구축하는 일에 바치고 싶다고 했을 만큼 일에 대한 열정이 대단했습니다. 그의 옷장에는 똑같은 회색 티셔츠가 걸려 있는데, 아침마다 어떤 옷을 입을지 고민하는 시간과 생각을 줄이기 위해서라고 합니다. 오늘의 명언은 자신의 목표를 이루기 위해 저커버그가 매일 스스로에게 하는 질문으로, 중요하지 않은 일에 시간을 보내지 않기를 바라는 그의 다짐이 잘 드러나 있습니다.

> **생각해보기** 여러분이 오늘 했던 일 가운데 가장 중요하다고 생각하는 일은 무엇인가요?

Day 11

Change is never easy
but always possible.

변화는 결코 쉽지는 않지만 항상 가능하다.

_버락 오바마(Barack Obama, 1961~   )

Step 1 핵심 포인트

change 변화   easy 쉬운   but 하지만   possible 가능한

영어에는 **어떤 일들이 얼마나 자주 일어나는지**(빈도부사)를 알려주는 단어들이 있습니다.

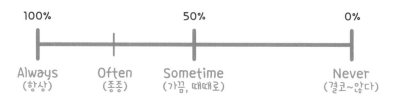

- 예 I am **always** happy. 나는 항상 행복하다.
- 예 I **never** feel sad. 나는 결코 슬프지 않다.

문장 해석

Change / is **never** easy / but / **always** possible.

변화는 / 결코 쉬운 것이 아니다 / 하지만 / 항상 가능한

→ **변화는 결코 쉬운 것이 아니지만 항상 가능하다.**

낭독 & 필사하기

명언을 큰 소리로 여러 번 읽어보고 필사하면서 되새겨 보세요.

_____

_____

_____

인물 & 명언 살펴보기

버락 오바마는 미국 최초의 흑인 대통령입니다. 인권 변호사 출신으로 제44대 미국 대통령에 당선되었으며 재선에 성공하여 8년간 대통령직을 수행하였습니다. 취임 후 핵무기 감축 및 중동평화회담 재개를 위해 노력한 공을 인정받아 2009년에 노벨평화상을 수상했습니다. 미국 역사상 첫 흑인 대통령이라는 변화를 만들기까지 쉽지 않았지만 역사적인 변화를 만들어 낸 오바마 대통령처럼 오늘의 명언은 변화란 쉽지 않지만 언제나 가능한 것임을 알려줍니다.

생각해
보기   여러분이 대통령이 된다면 무엇을 바꾸고 싶은가요?

A man is known by the company he keeps.

친구를 보면 그 사람을 알 수 있다.

_이솝(Aesop, 기원전 6세기)

Step 1 핵심 포인트

company 친구, 동료   **keep** 가지다

---

be known by는 '~로 알 수 있다'로 해석합니다.

예 The tree **is known by** its fruit. 열매를 보면 나무를 안다.

Step 2 문장 해석

A man / **is known by** / the company / he keeps.

사람은 / ~로 알 수 있다 / 친구 / 그가 가지고 있는

→ 사람은 그가 가지고 있는 친구로 알 수 있다.

Step 3 낭독 & 필사하기

명언을 큰 소리로 여러 번 읽어보고 필사하면서 되새겨 보세요.

_____

_____

_____

Step 4 인물 & 명언 살펴보기

이솝은 동물이나 식물을 주인공으로 삶의 지혜와 교훈을 가르쳐준 고대 그리스의 우화 작가였습니다. 여러분이 한 번쯤 들어본 《토끼와 거북이》《개미와 베짱이》《서울 쥐와 시골 쥐》를 쓴 작가입니다. 오늘의 명언은 친구를 보면 그 사람을 알 수 있다는 뜻으로 사람들은 자신과 비슷한 사람과 어울리는 것을 좋아한다는 유유상종이라는 말과도 통합니다. 어떤 사람을 판단하기 위해서는 그 사람의 친구를 보라는 의미로 오늘의 명언을 이해할 수 있습니다.

생각해 보기 여러분의 가장 친한 친구에 대해 이야기해 주세요. 여러분이 친구와 닮은 점은 무엇인가요?

The only time I feel alive is when I'm painting.

내가 살아 있다고 느끼는 유일한 시간은 내가 그림을 그릴 때다.

_빈센트 반 고흐(Vincent van Gogh, 1853~1890)

Step 1 핵심 포인트

only 유일한 time 시간 feel 느끼다 alive 살아 있는 when ~할 때

be 동사+동사ing는 '**~하는 중이다**'로 해석하며 **현재 진행 중인 일**(현재진행형)을 나타낼 때 사용합니다.

예 I **am** study**ing** English. 나는 영어를 공부하는 중이다.

She **is** play**ing** the piano. 그녀는 피아노를 치는 중이다.

Step 2 문장 해석

The only time / I feel alive / is / when I**'m** paint**ing**.

그 유일한 시간 / 내가 살아 있다고 느끼다 / 이다 / 내가 그림 그리는 중일 때

→ 내가 살아 있다고 느끼는 그 유일한 시간은 내가 그림 그리는 중일 때다.

낭독 & 필사하기

명언을 큰 소리로 여러 번 읽어보고 필사하면서 되새겨 보세요.

_____

_____

_____

인물 & 명언 살펴보기

고흐는 〈해바라기〉〈별이 빛나는 밤〉〈밤의 테라스〉 등의 작품으로 유명한 인상주의 화가입니다. 27세라는 늦은 나이에 그림을 시작했고 살아 있을 때는 단 한 점의 그림만 팔릴 정도로 인기가 없었습니다. 하지만 지금은 그 어느 작가보다 많은 사랑을 받고 있습니다. 스스로 귀를 자르는 기이한 행동을 하기도 했지만 미술에 대한 그의 열정은 대단했답니다. 오늘의 명언은 고흐에게 있어 그림을 그리는 것이 얼마나 행복한 일이었는지를 분명하게 보여줍니다. 이 명언을 통해 우리는 자신이 좋아하는 일을 하며 사는 삶의 중요성을 생각해 볼 수 있습니다.

생각해
보기

여러분은 어떤 것을 할 때 가장 행복한가요?

Genius is one percent inspiration and ninety-nine percent perspiration.

천재는 1퍼센트의 영감과 99퍼센트의 땀으로 이루어진다.

_토마스 에디슨(Thomas Alva Edison, 1847~1931)

 핵심 포인트

genius 천재 inspiration 영감 perspiration 땀, 노력

---

ninety-nine은 '**99**'를 말합니다. 영어에서 10 이상의 숫자는 10의 자리 숫자와 1의 자리 숫자를 조합하여 만듭니다. 10의 자리 수를 나타내는 단어는 아래와 같습니다.

twenty	thirty	forty	fifty	sixty	seventy	eighty	ninety
20	30	40	50	60	70	80	90

예 My mother is **forty-one** years old and my father is **forty-three** years old.

나의 어머니는 41세이고 나의 아버지는 43세입니다.

44

문장 해석

Genius is / one percent inspiration / and / **ninety-nine** percent perspiration.

천재는 ~이다 / 1퍼센트의 영감 / 그리고 / 99퍼센트의 노력

→ **천재는 1퍼센트의 영감과 99퍼센트의 노력이다.**

낭독 & 필사하기

명언을 큰 소리로 여러 번 읽어보고 필사하면서 되새겨 보세요.

_____

_____

_____

인물 & 명언 살펴보기

토마스 에디슨은 세계에서 가장 많은 발명품을 남긴 미국의 발명가입니다. 하지만 그는 어린시절 동네에서 사고뭉치로 유명했습니다. 달걀을 부화시키는 실험을 하다가 헛간을 태운 일화는 많은 사람들에게 잘 알려져 있습니다. 백열전구, 축음기, 탄소 송화기를 포함한 1,000여 가지가 훌쩍 넘는 특허가 에디슨의 이름으로 등록되어 있습니다. 오늘의 명언은 에디슨이 항상 마음에 품고 생활했던 말로 노력하면 원하는 것을 얻을 수 있다는 의미를 담고 있습니다.

> **생각해 보기**
>
> 에디슨은 어렸을 때 질문이 매우 많았다고 합니다. 여러분은 요즘 어떤 것들이 궁금한가요? 궁금한 점에 대해 적어 보세요.

That's one small step for a man, one giant leap for mankind.

그것은 한 인간에게는 작은 한 걸음이지만 인류에게는 위대한 도약이다.

_닐 암스트롱(Neil Armstrong, 1930~2012)

Step 1 핵심 포인트

step 걸음 for ~에게 mankind 인류 leap 뜀, 도약

① 명언의 **that**은 '**그것**'으로 해석하며 여기서는 닐 암스트롱이 달에 첫발을 내딛은 것을 가리킵니다.

② **small**은 '**작은**'으로 **giant**는 '**거대한**'으로 해석합니다. 영어에는 반대의 관계를 가진 다양한 단어들이 있습니다.

quiet 조용한	full 가득 찬	same 같은	live 살다
↕	↕	↕	↕
loud 시끄러운	empty 빈	different 다른	die 죽다

예 They are not **same**. They are **different**. 그들은 같지 않다. 그들은 다르다.

문장 해석

That / is one **small** step / for a man, / one **giant** leap / for mankind.

그것은 / 작은 걸음입니다 / 한 인간에게 / 한 거대한 도약 / 인류에게

→ **그것은 한 인간에겐 작은 걸음이었지만 인류에게는 위대한 도약이었습니다.**

낭독 & 필사하기

명언을 큰 소리로 여러 번 읽어보고 필사하면서 되새겨 보세요.

_____

_____

_____

인물 & 명언 살펴보기

닐 암스트롱은 인류 역사상 최초로 달에 착륙한 미국의 우주 비행사입니다. 암스트롱은 어릴 때부터 비행기에 많은 관심을 가졌기에 항공 관련 전공을 선택했으며 이후 전투 비행사로 6·25 전쟁에 참전했습니다. 미국항공우주국(NASA)에서 주관하는 달 탐사 프로젝트에 참여하여 우주 비행사가 되었습니다. 오늘의 명언은 암스트롱이 달에 착륙한 1969년 7월 20일에 한 말로 그의 작은 걸음이 인류에게는 큰 도약이었음을 상징적으로 표현한 말입니다. 우주 개척의 역사적 순간을 잘 표현한 말로 이해할 수 있습니다.

> **생각해 보기**
>
> 여러분은 우주에 생명체가 있다고 믿나요? 인류와 유사한 생명체가 우주에 살고 있을까요? 왜 그렇게 생각하나요?

The journey of a thousand miles begins with a single step.

천리 길도 한 걸음부터.

_노자(Lao Tzu, 기원전 604년 추정)

 핵심 포인트

journey 여정, 여행　mile 마일(1마일=1.609km)　begin with ~로 시작하다
single 단 하나의　step 걸음

a(one) thousand는 '**1000(천)**'입니다. 숫자를 나타내는 표현은 아래 표와 같습니다.

a hundred	**a** thousand	**a** million	**a** billion	**a** trillion
백	천	백만	십억	조

예 I have **ten thousands** won. 나는 만 원을 가지고 있습니다.
I have **five thousands** won. 나는 오천 원을 가지고 있습니다.

Step 2 문장 해석

The journey / of a **thousand** miles / begins with / a single step.

여정 / 천 마일의 / ~로 시작한다 / 한 걸음

→ **천 마일의 여정은 한 걸음으로 시작한다.**

Step 3 낭독 & 필사하기

명언을 큰 소리로 여러 번 읽어보고 필사하면서 되새겨 보세요.

_____

_____

_____

Step 4 인물 & 명언 살펴보기

노자는 춘추전국시대에 살았던 사람으로 《도덕경》을 쓴 사람으로 유명합니다. 《도덕경》은 공자의 《논어》와 함께 동양 사상을 이해하기 위해 꼭 읽어야 할 책으로 자연의 법칙을 따라 사는 것의 중요성인 '무위자연'을 강조하고 있습니다. 오늘의 명언은 《도덕경》에 실린 "천리지행 시어족하(千里之行 始於足下)"라는 구절입니다. 이는 '천리 길도 한 걸음부터'라는 의미로 아무리 어려운 일도 일단 시작해야 그것을 이룰 수 있다는 의미를 담고 있습니다.

> **생각해 보기** 꿈을 이루기 위해서 오늘 무엇을 시작해볼 수 있을까요?

Habit is a second nature that destroys the first.

습관은 제2의 천성으로 제1의 천성을 파괴한다.

_블레즈 파스칼(Blaise Pascal, 1623~1662)

핵심 포인트

habit 습관   nature 자연, 천성(타고난 성격)   destroy 파괴하다

---

first는 '**첫 번째**'라는 뜻으로 **순서**나 **서열**을 나타내는 말입니다. 순서랑 서열을 나타내는 단어는 숫자 뒤에 '**-th**'를 붙여 표현합니다.

First ★	Second ★	Third ★	Fourth	Fifth ★
첫 번째	두 번째	세 번째	네 번째	다섯 번째
Sixth	Seventh	Eighth	Ninth ★	Tenth
여섯 번째	일곱 번째	여덟 번째	아홉 번째	열 번째

(※ 별표가 붙은 단어는 스펠링을 주의하세요.)

예 I'm in **second** grade. 나는 2학년이야.

My house is on the **fifth** floor. 우리 집은 5층에 있어.

문장 해석

Habit is / a **second** nature / that destroys the **first**.

습관~이다 / 두 번째 천성 / 첫 번째 (천성)을 파괴하는

→ **습관은 첫 번째(천성)을 파괴하는 두 번째 천성이다.**

낭독 & 필사하기

명언을 큰 소리로 여러 번 읽어보고 필사하면서 되새겨 보세요.

_____

_____

_____

인물 & 명언 살펴보기

파스칼은 프랑스의 수학자, 물리학자, 철학자, 신학자로 39년의 짧은 생애에도 불구하고 다양한 분야에서 커다란 업적을 남겼습니다. 수학자, 물리학자로서 '파스칼의 원리'를 비롯해 실험 과정에서 주사기를 발명하였고, 철학자이자 신학자로서 《팡세》를 통해 '인간은 생각하는 갈대'라는 말을 유명한 말을 남기기도 했습니다. 압력의 단위인 Pa 역시 파스칼의 이름을 딴 것입니다. 오늘의 명언은 습관의 중요성을 강조하는 말로, 한 번 생긴 습관은 타고난 성격마저 변화시킬 정도로 무섭기 때문에 항상 좋은 습관을 갖기 위해 노력해야 한다는 뜻을 담고 있습니다.

> **생각해
> 보기** 나의 좋은 습관은 무엇인가요? 고치고 싶은 나쁜 습관이 있나요?

I have a dream.

나에게는 꿈이 있습니다.

_마틴 루터 킹(Martin Luther King, Jr, 1929~1968)

핵심 포인트

have 가지고 있다   dream 꿈

I는 '**나는**'으로 해석합니다. 영어에는 사람이나 사물을 가리키는 다양한 단어(대명사)가 있습니다.

I	We	You	He	She	They
나는	우리는	너는	그는	그녀는	그들(그것들)은

예 **She** is a student. 그녀는 학생이다.
　　We are a team. 우리는 한 팀이다.

※ 문장에는 항상 **주인공**이 있습니다. 주인공 뒤에는 '~은/는/이/가'가 붙습니다. 이처럼 문장의 주인공이 되는 말을 영어에서는 '**주어**'라 부릅니다.
　　예 **I** am a student. 나는 학생이다. → 이 문장의 주어는 "I"입니다.
　　　　Mary is pretty. 메리는 예쁘다. → 이 문장의 주어는 "Mary"입니다.

문장 해석

I / have / a dream

나는 / 가지고 있다 / 꿈을

→ 나는 꿈을 가지고 있다.

낭독 & 필사하기

명언을 큰 소리로 여러 번 읽어보고 필사하면서 되새겨 보세요.

_____

_____

_____

인물 & 명언 살펴보기

마틴 루터 킹은 미국의 목사이자 인권운동가로, 흑인 차별에 맞서 평화 운동을 전개한 것으로 유명합니다. 버스 내 좌석 차별을 없애기 위한 '버스 안 타기 운동', 흑인 투표권을 획득하기 위한 '평화 행진' 등을 벌였습니다. 흑인 인권 증진에 대한 공로를 인정받아 1964년 노벨평화상을 수상했습니다. 오늘의 명언은 마틴 루터 킹이 차별 없는 세상을 꿈꾸며 워싱턴DC 대행진 연설에서 한 말입니다. "나는 꿈이 있습니다. 아이들이 피부색이 아니라 인격으로 평가받는 나라에서 사는 것입니다."라는 이 말은 많은 사람들의 마음을 움직인 명연설로 기억되고 있습니다.

생각해 보기 여러분은 세상을 더 좋은 곳으로 만들기 위해 어떤 꿈을 가지고 있나요?

All things are difficult before they are easy.

모든 일은 쉬워지기 전까지는 어렵다.

_토마스 풀러(Thomas Fuller, 1608~1661)

핵심 포인트

all things 모든 것들   difficult 어려운   before ~전에   easy 쉬운

they는 앞의 '**all things**(사물)'을 대신하는 표현입니다.

예 I ate **apples**. **They** were delicious.

나는 사과들을 먹었다. 그것들은 맛있었다.

I have **books and pencils** . **They** are not expensive.

나는 책들과 연필들을 가지고 있다. 그것들은 비싸지 않다.

문장 해석

All things are difficult / before / **they** are easy.

모든 것들은 어렵다 / ~전에 / 그것들이 쉽다

→ 모든 것들은 그것들이 쉽기 전에는 어렵다.

낭독 & 필사하기

명언을 큰 소리로 여러 번 읽어보고 필사하면서 되새겨 보세요.

_____

_____

인물 & 명언 살펴보기

토마스 풀러는 영국의 종교인이자 역사학자입니다. 17세기는 작가가 하나의 직업으로 자리 잡지 않았던 시절입니다. 이런 시대에 풀러는 재치 있는 글 솜씨 덕에 최초로 전업 작가를 하면서 《케임브리지대학교의 역사》《잉글랜드 명사들의 역사》등의 역사책을 펴냈습니다. 오늘의 명언은 모든 일은 그 일을 해내기 전까지는 어렵다는 말입니다. 하지만 어려운 것을 꾸준히 하다 보면 언젠가는 쉬운 일이 되어 있을 겁니다.

생각해
보기

처음에는 어려웠는데 반복적으로 하다 보니 쉬워진 일이 있나요?

Day 20

관련 교과 [체육 4] 3. 경쟁 ★☆☆

It ain't over till it's over.

끝날 때까지 끝난 게 아니다.

_요기 베라(Lawrence Peter Yogi Berra, 1925~2015)

Step 1 핵심 포인트

ain't(=isn't) ~가 아니다 be over 끝나다 till ~까지

시간, 날씨, 날짜, 요일 등을 나타낼 때 사용하는 it은 해석하지 않습니다.

It's 6 o'clock.
6시이다.

It's Sunday.
일요일이다.

It's cloudy.
흐리다.

문장 해석

It ain't over / till / **it** is over.

끝난 것이 아니다 / ~까지 / 끝나다

→ **끝날 때까지 끝난 것이 아니다.**

낭독 & 필사하기

명언을 큰 소리로 여러 번 읽어보고 필사하면서 되새겨 보세요.

_____

_____

_____

인물 & 명언 살펴보기

요기 베라는 미국의 야구 선수이자 감독이었습니다. 현역 시절 월드시리즈에서 통상 10번의 우승을 차지한 MLB 역사상 최강의 포수로 꼽히는 전설적인 인물입니다. 오늘의 명언은 요기 베라가 뉴욕 메츠 감독으로 활동할 때 한 말입니다. 성적이 좋지 않았던 요기 베라에게 한 기자가 "이번 시즌은 끝난 거냐?"라고 묻자 "끝날 때까지 끝난 게 아니다."라고 답했습니다. 신기하게도 베라의 말처럼 부진했던 팀은 월드시리즈에서 준우승을 거머쥐게 됩니다. 오늘의 명언은 어떤 일이 끝나기 전까지는 포기하지 않는 자세로 열심히 노력하는 것이 중요하다는 의미입니다.

> **생각해
> 보기**
> 여러분은 무엇인가를 포기하고 싶은 마음을 이겨내고 끝까지 해낸 경험이 있나요?

USA

ARIZONA

Seattle

CHICAGO

San Francisco

BASEBALL

Corn

NEW YORK

HOLLYWOOD

Washington D.C.

Mount Rushmore

MIAMI

화폐 속 위인과의 만남 1 미국

화폐에는 한 나라의 역사와 문화를 빛낸 위인들이나 상징물이 새겨져 있습니다. 이번 시간에는 미국의 화폐를 살펴보며 미국에 대해 좀 더 자세히 알아볼까요?

조지 워싱턴

나는 조지 워싱턴 대통령이야. 사람들은 미국 초대 대통령인 나를 '미국 건국의 아버지'라 부르지. 아마 내가 미국의 독립과 건국을 위해 많은 노력을 했기 때문일 거야. 1달러 앞면에는 내 모습이 나와 있고, 뒷면에는 미국 국새(국가 도장)가 나와 있단다.

토머스 제퍼슨

나는 미국의 세 번째 대통령인 토머스 제퍼슨이라고 해. 나는 인권이 매우 중요하다고 했어. 왜냐하면 사람 밑에 사람 없고 사람 위에도 사람이 없거든. 나는 2달러에 나와 있는데 미국 사람들은 2달러를 행운의 상징이라고 생각하지. 그래서 내가 나온 지폐를 액자에 넣어 놓는 사람도 있어.

에이브러햄 링컨

나는 5달러에 나온 아브라함 링컨이야. 미국의 16대 대통령이란다. 여러분이 많이 들어본 명언인 "국민의, 국민에 의한, 국민을 위한"을 말한 사람이야. 혹시 이 명언을 잘 모르겠거든 〈day 46〉을 꼭 살펴봐~

벤자민 프랭클린

안녕? 나는 벤자민 프랭클린이야. 나는 정치가로 미국 독립에 큰 기여를 했지. 그리고 피뢰침을 발명한 발명가이기도 해. 참, 이것 말고도 책을 쓴 작가이기도 해. 허허, 자랑이 조금 길었나? 무튼, 대통령이 아닌 내가 100달러의 주인공이 된 것을 보면 사람들이 내 삶을 높이 평가해 준 것 같아. 나에 대해 더 자세히 알고 싶거든 〈day 60〉을 봐줘.

There is nothing either good or bad,
but thinking makes it so.

원래 좋고 나쁜 것은 다 생각하기 나름이다.

PART
2

Patience is bitter,
but its fruit is sweet.

인내는 쓰나 그 열매는 달다.

_장 자크 루소(Jean Jacques Rousseau, 1712~1778)

Step 1 핵심 포인트

patience 인내 bitter 맛이 쓴 fruit 과일, 열매 sweet 달콤한

---

its는 '**그것의**'라고 해석하며 **소유**를 나타낼 때 사용하는 표현입니다. '**~의**'로 해석하며 소유를 의미를 나타내는 단어들은 아래와 표와 같습니다.

my	our	your	her	his	their
나의	우리의	너의	그녀의	그의	그(것)들의

예 Mike is **my** best friend. I like **his** friends, too.

마이크는 나의 가장 친한 친구다. 나는 그의 친구들도 좋아한다. (his=Mike's)

예 Don't judge a book by **its** cover.

그것(책)의 표지로 책을 판단하지 마라. (its=the book's)

문장 해석

Patience is bitter / but / **its** fruit is sweet.

인내는 쓰다 / 하지만 / 그것(인내)의 열매는 달다

→ **인내는 쓰나 그것의 열매는 달다.**

낭독 & 필사하기

명언을 큰 소리로 여러 번 읽어보고 필사하면서 되새겨 보세요.

_____

_____

인물 & 명언 살펴보기

루소는 프랑스의 사상가이자 교육론자입니다. 그는 《사회계약론》을 통해 올바른 국가는 국민의 자유와 평등을 보장해야 한다고 주장했습니다. 또한 《에밀》을 통해서는 개인의 개성과 경험을 중시하는 자연주의 교육이 바람직하다고 주장했습니다. 오늘의 명언은 인내를 맛에 비유하고 있습니다. 인내는 쓴맛이 나는 음식처럼 견디기 힘든 일이지만 인내 후에는 좋은 성과라는 달콤한 열매를 맛볼 수 있다는 의미입니다.

> **생각해
> 보기**
>
> 여러분은 힘들게 노력한 후 보람을 느껴본 적이 있나요?

Day 22

관련 교과 [국어 6-2] 1. 작품 속 인물과 나 ⭐⭐⭐

Life's greatest happiness is to be convinced we are loved.

인생의 최고 행복은 우리가 사랑받고 있음을 확신하는 것이다.

_빅토르 위고(Victor Marie Hugo, 1802~1885)

Step 1 핵심 포인트

(the) greatest 최고의   happiness 행복   be convinced 확신하다

be loved 사랑받다

단어 끝에 '**s**를 붙이면 '**~의**'로 해석하며 '**소유**'의 의미를 나타냅니다.

예 This is Tom's book. 이것은 톰의 책이다.

I like mom's cooking. 나는 엄마의 요리를 좋아한다.

Step 2 문장 해석

Life's greatest happiness is / to be convinced / we are loved.

인생의 최고 행복은 ~이다 / 확신하는 것 / 우리가 사랑받다.

→ 인생의 최고 행복은 우리가 사랑받는 것을 확신하는 것이다.

Step 3 낭독 & 필사하기

명언을 큰 소리로 여러 번 읽어보고 필사하면서 되새겨 보세요.

_____

_____

_____

Step 4 인물 & 명언 살펴보기

빅토르 위고는 19세기 프랑스 사회와 문학에 지대한 영향을 끼친 시인이자 소설가, 극작가였습니다. 특히 위고는 돈이나 권력이 인간의 아름다운 정신을 짓밟는 것에 반대하는 작품을 많이 남겼습니다. 명작을 쓰기 위해 매일 아침 시나 산문을 썼고 그 결과 《레미제라블》과 《노트르담의 꼽추》같은 명작을 탄생시켰습니다. 오늘의 명언은 내가 사랑받고 있는 존재임을 아는 것이 최고의 행복이라는 의미입니다. 죽어서도 많은 사람들의 존경과 사랑을 받는 빅토르 위고의 삶 자체가 가장 큰 행복이 무엇인지를 보여주는 듯합니다.

생각해
보기

여러분은 주변에서 여러분을 사랑하고 아껴줄 때 어떤 마음이 드나요?

Day 23

People ask me,
what keeps you going?
I say, it's the silver lining.

사람들이 내게 무엇이 당신을 나아가게 하나요?라고 물었을 때 나는 희망이라고 말한다.

_왕가리 마타이(Wangari Muta Maathai, 1940 ~ 2011)

 핵심 포인트

people 사람들 keep ~ing 계속 ~하다 silver lining 희망

me는 '나를' 또는 '나에게'로 해석합니다. 영어에는 행동의 대상(목적어)이 되는 다양한
단어들이 있습니다.

me	us	you	her	him	them
나를	우리를	너를	그녀를	그를	그들을
나에게	우리에게	너에게	그녀에게	그에게	그들에게

예 She likes **him**. 그녀는 그를 좋아한다.

My teacher likes **me**. 나의 선생님은 나를 좋아한다.

문장 해석

People ask **me**, / what keeps you going? / I say, / it is the silver lining.

사람들이 나에게 물어보다 / 무엇이 너를 계속 나아가게 하니? / 나는 말한다 / 그것은 희망입니다.

→ 사람들이 내게 "무엇이 당신을 나아가게 하나요?"라고 물었을 때 나는 희망이라고 말한다.

낭독 & 필사하기

명언을 큰 소리로 여러 번 읽어보고 필사하면서 되새겨 보세요.

_____

_____

_____

인물 & 명언 살펴보기

케냐 출신 왕가리 마타이는 수의학 교수로 일하면서 '그린벨트 운동'을 전개했습니다. 그린벨트 운동은 벌목으로 훼손된 아프리카 산림을 살리는 동시에 가난한 여성에게 나무 심는 일자리를 제공했습니다. 이 운동은 빈곤과 무지를 없애기 위한 사회운동으로까지 확장되었습니다. 이러한 공을 인정받아 왕가리 마타이는 아프리카 여성 최초로 노벨평화상을 수상합니다. 오늘의 명언은 왕가리 마타이가 세상을 보다 좋은 곳으로 만들기 위해 노력할 수 있었던 원동력이 '희망'이었음을 알려주고 있습니다.

> **생각해
> 보기**
>
> 여러분이 실천할 수 있는 자연보호 방법은 무엇이 있을까요?

There is no royal road to learning.

학문에는 왕도가 없다.

_유클리드(Euclid, 기원전 330 ~ 기원전 275)

 Step 1 핵심 포인트

royal road 왕도, 지름길   **learning** 학문, 배움

----

there is/are는 '**~가 있다**'로 해석합니다. 뒤에 오는 단어가 **단수(한 개)**일 때는 **there is**를 사용하고 뒤에 오는 단어가 **복수(여러 개)**일 때는 **there are**를 사용합니다.

There is an apple.	There are two apples.
사과 한 개가 있습니다.	사과 두 개가 있습니다.

Step 2 문장 해석

There is no / royal road / to learning.

~이 없다 / 지름길 / 학문에

→ 학문에는 지름길이 없다.

68

낭독 & 필사하기

명언을 큰 소리로 여러 번 읽어보고 필사하면서 되새겨 보세요.

_____

_____

_____

인물 & 명언 살펴보기

유클리드는 고대 그리스의 수학자입니다. 도형과 공간의 성질을 연구하는 기하학자로, 기하학을 총정리한 《기하학 원론》을 쓰기도 했습니다. 유클리드는 당시 문명의 중심지였던 이집트의 왕 프톨레마이오스 1세에게 기하학을 가르쳤습니다. 쉽고 빠르게 기하학을 공부하고 싶었던 왕은 "기하학을 빨리 배울 수 있는 방법은 무엇이냐?" 물었고, 유클리드는 "기하학에는 왕도는 없습니다."라고 대답했다고 합니다. 기하학을 배우기 위해서는 왕일지라도 다른 사람들과 똑같이 노력을 기울여야 한다는 뜻으로, 요령 부리지 말라는 충고를 담고 있습니다. 이 명언은 "학문에는 왕도가 없다"라는 말로 바뀌어 꾸준히 최선을 다해 공부하라는 뜻으로 쓰이고 있습니다.

> **생각해
> 보기**
> 영어를 꾸준히 공부하기 위한 자신만의 방법을 생각해봅시다.

There is little success
where there is little laughter.

웃음이 없는 곳에는 성공도 없다.

_앤드류 카네기(Andrew Carnegie, 1835~1919)

Step 1 핵심 포인트

success 성공　where ~곳　laughter 웃음

---

little은 '**거의 없는**'으로 해석하며 **부정**의 의미를, **a little**은 '**조금 있는**'으로 해석하며 **긍정**의 의미를 담고 있습니다.

He has little water.
그는 물이 거의 없습니다. (부정)

He has a little water.
그는 물이 조금 있습니다. (긍정)

문장 해석

There is / **little** success / where / there is / **little** laughter.

~이 있다 / 성공이 거의 없는 / ~곳 / ~이 있다 / 웃음이 거의 없는

→ **웃음이 거의 없는 곳에는 성공이 거의 없다.**

Step
3
낭독 & 필사하기

명언을 큰 소리로 여러 번 읽어보고 필사하면서 되새겨 보세요.

Step
4
인물 & 명언 살펴보기

카네기는 미국의 기업인이자 자선사업가입니다. 카네기는 아버지의 사업 실패로 미국으로 이민을 가면서 힘들고 어려운 어린 시절을 보냈습니다. 공장 노동자, 배달원 등의 일을 하며 미래에 대한 안목을 키운 카네기는 과감히 철강 산업에 뛰어들었고 큰 성공을 이뤄냅니다. 이후 카네기는 자신이 가진 것을 사회에 환원하는 자선사업에 집중했습니다. 그 결과 오늘날 '강철왕', '기부왕'으로 불리며 많은 사람들에게 기억되고 있습니다. 오늘의 명언은 카네기가 알려준 성공 비결로 어려움에 집중하기보다는 웃음과 긍정적인 태도로 노력하는 것이 중요하다는 의미를 담고 있습니다.

생각해
보기

여러분이 훗날 성공하여 큰돈을 벌게 된다면 누구를 돕고 싶나요?

There is nothing either good or bad, but thinking makes it so.

원래 좋고 나쁜 것은 다 생각하기 나름이다.

_윌리엄 셰익스피어(William Shakespeare, 1564~1616)

핵심 포인트

there is ~가 있다   thinking 생각

---

either A or B는 'A이거나 B'로 해석합니다.

예 You can choose **either** milk **or** water. 너는 우유나 물을 고를 수 있다.

He is **either** an actor **or** a singer. 그는 배우이거나 가수이다.

문장 해석

There is nothing / **either** good **or** bad / but / thinking makes it so.

어떤 것도 없다 / 좋거나 나쁜 것 / 그러나 / 생각이 그것을 그렇게 만든다.

→ 어떤 것도 좋거나 나쁜 것은 없다. 그러나 생각이 그것을 그렇게 만든다.

Step 3 낭독 & 필사하기

명언을 큰 소리로 여러 번 읽어보고 필사하면서 되새겨 보세요.

_____

_____

_____

Step 4 인물 & 명언 살펴보기

영국이 낳은 세계 최고의 극작가인 셰익스피어는 《로미오와 줄리엣》《베니스의 상인》《햄릿》 등 전 세계적으로 유명한 작품을 남겼습니다. 셰익스피어는 집안 사정이 어려워지면서 학업을 중단했지만 꾸준히 글을 배우고 상상력을 키워 나간 끝에 극작가로 성공을 거둡니다. 또한 라틴어로 작품이 쓰이던 시대에 다양한 작품을 쓰며 영어의 발전에 기여했습니다. 오늘의 명언은 생각의 차이가 좋고 나쁨을 결정한다는 뜻입니다. 힘든 상황에서도 긍정적인 마음을 갖는 것의 중요하겠지요.

생각해 보기
다른 사람들에게는 나쁘게 보이지만 나에게는 좋은 상황이 있나요?

Innovation distinguishes between a leader and a follower.

혁신은 리더와 추종자를 구분 짓는다.

_스티브 잡스(Steve Jobs, 1955~2011)

Step 1 핵심 포인트

innovation 혁신 distinguish 구별하다 **between A and B** A와 B 사이에

동사에 '**-er**'을 붙이면 '**~하는 사람**'이 됩니다.

예 She teaches English. She is a teach**er**.

그녀는 영어를 가르친다. 그녀는 선생님이다.

He leads our team. He is our team lead**er**.

그는 우리 팀을 이끈다. 그는 우리 팀의 리더다.

Step 2 문장 해석

Innovation / distinguishes / between a **leader** and a **follower**.

혁신은 / 구별하다 / 리더와 추종자 사이에

→ 혁신은 리더와 추종자를 구별한다.

낭독 & 필사하기

명언을 큰 소리로 여러 번 읽어보고 필사하면서 되새겨 보세요.

인물 & 명언 살펴보기

스티브 잡스는 미국의 발명가이자 기업인입니다. 스무 살에 차고에서 워즈니악과 함께 애플을 창업한 것을 시작으로 아이폰, 아이패드와 같은 혁신적인 제품을 개발하며 큰 성공을 거뒀습니다. 스티브 잡스는 대학 중퇴, 캘리그라피 수업 청강과 같은 남다른 생각과 행동으로도 유명한데, 바로 이런 점들이 그가 혁신의 아이콘이 될 수 있었던 원동력이 아닐까 싶습니다. 오늘의 명언은 '혁신'의 중요성을 생각해 보게 합니다. 남과 다른 새로운 아이디어와 방법이 여러분을 스티브 잡스 같은 리더로 만들어줄 것입니다.

생각해
보기

작은 것이라도 발명하고 싶은 것이 있나요? 오늘은 엉뚱한 상상을 한 번 해볼까요?

The pen is mightier than the sword.

펜은 칼보다 강하다.

· ·

_에드워드 조지 불워 리튼(Edward George Bulwer Lytton, 1803~1873)

Step 1 핵심 포인트

pen 펜 mighty 강력한, 힘센 sword 검

- er than은 '**~보다 더~ 한**'으로 해석하며 '**비교**'할 때 사용합니다.

> 예 I'm strong**er than** you. 나는 너보다 더 강해.
>
> I'm pretti**er than** you. 나는 너보다 더 예뻐.
>
> ('-y'로 끝나는 단어는 'y'를 'i'로 바꾸고 '-er'을 붙입니다)

Step 2 문장 해석

The pen is / mighti**er than** / the sword.

펜은 ~이다 / ~보다 더 강한 / 칼

→ **펜은 칼보다 더 강하다.**

76

낭독 & 필사하기

명언을 큰 소리로 여러 번 읽어보고 필사하면서 되새겨 보세요.

인물 & 명언 살펴보기

에드워드 불워 리튼은 영국의 소설가이자 극작가입니다. 장편 역사소설 《폼페이 최후의 날》로 영국뿐만 아니라 유럽에까지 널리 알려졌습니다. 오늘의 명언은 그가 그의 작품에 섰던 대사로, 말 그대로 펜이 칼보다 강하다는 의미로 받아들여서는 안 됩니다. 여기서 펜은 글과 말을 상징하고, 칼은 무력과 권력 같은 힘을 상징합니다. 이 명언은 글이나 말이 무력이나 권력 같은 물리적인 힘보다 더 강력하다는 것을 의미합니다. 언론의 중요성을 이야기할 때 자주 사용되니 기억해 두세요.

생각해
보기

여러분에게 힘이 되었던 책이나 글귀가 있나요?

The world is more surprising than we imagine. It is more wonderful than we can imagine.

세상은 우리가 상상하는 것보다 더 놀랍다. 세상은 우리가 상상할 수 있는 것보다 더 훌륭하다.

_존 버튼 샌더슨 홀데인(John Burdon Sanderson Haldane, 1892~1964)

Step 1 핵심 포인트

surprising 놀라운   imagine 상상하다   wonderful 훌륭한

----

more ~than은 '**~보다 더 ~한**'으로 해석하며 **비교**할 때 사용하는 표현입니다.

(예) I am **more** beautiful **than** you. 나는 너보다 더 예뻐.

He is **more** famous **than** her. 그는 그녀보다 더 유명하다.

Step 2 문장 해석

The world is / **more** surprising **than** / we imagine.

It is / **more** wonderful **than** / we can imagine.

세상은 ~이다 / ~보다 더 놀라운 / 우리가 상상하는 것 /

그것은 ~이다 / ~보다 더 훌륭한 / 우리가 상상할 수 있는 것

→ 세상은 우리가 상상하는 것보다 더 놀랍다.

　그것(세상)은 우리가 상상할 수 있는 것보다 더 훌륭하다.

Step 3 낭독 & 필사하기

명언을 큰 소리로 여러 번 읽어보고 필사하면서 되새겨 보세요.

_____

_____

_____

Step 4 인물 & 명언 살펴보기

홀데인은 영국 출신의 과학자로, 유전학과 진화생물학을 연구했으며 집단유전학의 창시자이기도 합니다. 과학이 인류 사회에 기여해야 한다고 생각한 홀데인은 복잡한 생물학을 쉽고 간결하게 설명하기 위해 노력했습니다. 오늘의 명언은 세상에는 우리가 생각한 것보다 더 놀랍고 훌륭한 것이 많다는 의미로, 세상의 경이로움에 대해 이야기하고 있습니다. 과학을 연구하며 매일 새로운 세상을 발견하기 위해 노력한 홀데인의 삶을 엿볼 수 있는 명언으로 이해할 수 있습니다.

생각해 보기 | 여러분은 과학의 발전으로 지금보다 무엇이 더 좋아질 거라고 생각하나요?

It's better to hang out with people better than you.

나보다 나은 사람들과 어울리는 것이 좋다.

_워런 버핏(Warren Edward Buffett, 1930~ 　)

Step 1　핵심 포인트

hang out 어울려 놀다

----

it's better to 동사는 '~하는 편이 낫다(좋다)'는 뜻입니다.

예 Sometimes **it's better to** be alone. 가끔은 혼자 있는 게 더 좋다.

　　It's better to be a giver than a taker. 받는 사람보다 주는 사람이 되는 것이 더 낫다.

Step 2　문장 해석

It's better to hang out / with people better than you.

어울려 노는 편이 낫다 / 너보다 더 나은 사람과 함께

→ **너보다 더 나은 다른 사람과 함께 어울려 노는 편이 낫다.**

80

낭독 & 필사하기

명언을 큰 소리로 여러 번 읽어보고 필사하면서 되새겨 보세요.

_____

_____

_____

인물 & 명언 살펴보기

워런 버핏은 '투자의 귀재'로 알려진 미국의 사업가이자 투자가입니다. 어려서부터 아르바이트를 하며 돈을 벌고 모으는 데 관심이 많았던 그는 열한 살 때 직접 주식 투자를 시작했다고 합니다. 빌게이츠, 찰리 밍거 같은 좋은 친구를 주변에 두었으며, 자신이 좋아하고 뛰어난 사람들과 어울리며 많은 것을 배우려고 했습니다. 이런 워런 버핏처럼 자신보다 더 나은 사람들과 어울리며 배우라는 것이 오늘의 명언이 주는 가르침입니다.

생각해 보기

여러분에게 좋은 영향을 주는 친구가 있나요? 그 친구의 어떤 점을 닮고 싶나요?

Silence is better than unmeaning words.

의미 없는 말보다 침묵하는 편이 더 낫다.

_피타고라스(Pythagoras, 기원전 580 ~ 기원전 500)

Step 1 핵심 포인트

silence 침묵

단어에 'un-'을 붙이면 '**부정(반대)**'의 의미가 됩니다.

meaning 의미 있는	happy 행복한	lucky 운이 좋은
↕	↕	↕
unmeaning 의미 없는	unhappy 불행한	unlucky 운이 나쁜

Step 2 문장 해석

Silence is better than / **unmeaning** words.

침묵은 ~보다 더 낫다 / 의미 없는 말들

→ 침묵은 의미 없는 말보다 더 낫다.

낭독 & 필사하기

명언을 큰 소리로 여러 번 읽어보고 필사하면서 되새겨 보세요.

_____

_____

_____

인물 & 명언 살펴보기

피타고라스는 고대 그리스 수학자로, 그는 세상 모든 것의 시작을 '수'로 보았습니다. 학문을 연구하는 단체인 피타고라스학파를 만들어 수학, 철학, 자연과학을 연구했으며, '피타고라스의 정리'를 발견하여 과학적 사고를 구축하는 데 크게 기여했습니다. 오늘의 명언은 침묵의 중요성을 강조하고 있습니다. 생각 없이 말하다 보면 실수하거나 상대를 불편하게 할 수 있는데, 그럴 바엔 차라리 침묵하는 것이 낫다는 뜻입니다.

> **생각해 보기**   말실수 때문에 친구를 화나게 한 적이 있나요?

Day 32

It is better to be a human being dissatisfied than a pig satisfied.

만족한 돼지보다 불만족한 인간이 되는 편이 낫다.

_존 스튜어트 밀(John Stuart Mill, 1806~1873)

Step 1 핵심 포인트

human being 인간

단어에 '**dis-**'가 붙으면 '**부정(반대)**'의 의미가 됩니다.

satisfied 의미 있는	like 좋아하다	agree 동의하다
↕	↕	↕
dissatisfied 의미 없는	dislike 싫어하다	disagree 반대하다

Step 2 문장 해석

It is better to be a human being <u>**dissatisfied**</u> / than a pig **satisfied.**

불만족한 인간이 되는 편이 낫다 / 만족한 돼지보다

→ 만족한 돼지보다 불만족한 인간이 되는 편이 낫다.

Step 3 낭독 & 필사하기

명언을 큰 소리로 여러 번 읽어보고 필사하면서 되새겨 보세요.

_____

_____

_____

Step 4 인물 & 명언 살펴보기

"배부른 돼지보다 배고픈 소크라테스가 더 낫다"는 말로 우리에게 잘 알려진 존 스튜어트 밀은 영국의 철학가이자 경제학자입니다. 그는 사람들에게 즐거움을 주는 행동이 곧 옳은 행동이라는 '공리주의'에서 더 나아가 인간이 추구하는 즐거움은 동물보다 질적으로 높은 즐거움이라고 주장했습니다. 질적으로 높은 즐거움을 추구할수록 덕을 길러 자신과 모두에게 이익이 될 거라는 '질적 공리주의'를 주장했지요. 오늘의 명언은 물질적 풍요보다 인간의 신념이 더 중요하다는 말로 인간의 자유나 양심의 중요성을 강조할 때 사용되고 있습니다.

> **생각해 보기** 인간과 동물의 가장 큰 차이점은 무엇일까요?

Be realistic, demand the impossible!

우리 모두 리얼리스트가 되자! 그러나 가슴 속에 불가능한 꿈을 갖자!

_체 게바라(Che Guevara, 1928~1967)

Step 1 핵심 포인트

realistic 현실적인　demand 요구하다

단어에 '**im-**'가 붙으면 '**부정(반대)**'의 의미가 됩니다.

possible 가능한	patient 참을성 있는	polite 예의바른
↕	↕	↕
impossible 불가능한	impatient 참을성 없는	impolite 무례한

Step 2 문장 해석

Be realistic, / demand / the **impossible**!

현실적이 되자 / 요구하라 / 불가능을

→ 현실적(리얼리스트)이 되자. 불가능(불가능한 꿈)을 요구하라(가져라).

Step 3 낭독 & 필사하기

명언을 큰 소리로 여러 번 읽어보고 필사하면서 되새겨 보세요.

_____

_____

_____

Step 4 인물 & 명언 살펴보기

아르헨티나에서 태어난 체 게바라는 의사를 꿈꾸는 학생이었습니다. 대학 시절 라틴 아메리카를 여행하던 중 가난한 원주민들이 자신의 권리조차 알지 못하고 있는 현실을 목격했습니다. 이를 계기로 혁명가 피델 카스트로와 함께 쿠바의 혁명전쟁을 시작했습니다. 쿠바의 정치 상황이 안정되자 라틴 아메리카 전체의 혁명을 이루기 위해 또 다른 군사 독재 정권이 장악하고 있는 볼리비아로 갔습니다. 하지만 꿈을 이루지 못한 채 삶을 마감했습니다. 오늘의 명언은 체 게바라의 삶처럼 사람들이 현실의 잘못된 점을 깨닫고 변화를 꿈꾸길 바라는 마음을 담고 있습니다.

> **생각해 보기**
>
> 이루기가 불가능해 보이는 꿈이 있나요? 그것을 가능하게 하려면 어떻게 해야 할까요?

Impossible is a word to be found only in the dictionary of fools.

내 사전에 불가능이란 말은 없다.

_나폴레옹 1세(Napoleon Bonaparte, 1769~1821)

 핵심 포인트

impossible 불가능한   be found 발견되다   dictionary 사전   fool 바보

명사를 더 자세하게 설명하기 위해 명사 뒤에 'to + 동사(원형)'를 사용합니다.

예 I don't have water **to drink**. 나는 마실 물이 없다.

 명사

She has a book **to read**. 그녀는 읽을 책을 가지고 있다.

 명사

 문장 해석

Impossible is / a word **to be found** / only in the dictionary of fools.

불가능 ~이다 / 발견되는 단어 / 오직 바보들의 사전에서

→ **불가능은 오직 바보들의 사전에서 발견되는 단어이다.**

88

Step 3 낭독 & 필사하기

명언을 큰 소리로 여러 번 읽어보고 필사하면서 되새겨 보세요.

_____

_____

_____

Step 4 인물 & 명언 살펴보기

나폴레옹은 프랑스 대혁명 시대의 군인이자 정치 지도자였습니다. 프랑스의 작은 섬 코르시카에서 태어난 나폴레옹은 탁월한 군사적 재능으로 유럽 여러 국가와의 전쟁에서 승리를 이끌며 프랑스의 황제가 되었습니다. 그 후 자유와 평등의 프랑스 혁명 정신을 유럽에 전파하고 법률, 교육, 문화 면에서 많은 업적을 이뤄냈습니다. 오늘의 명언은 승리가 보이지 않은 전투 속에서 나폴레옹이 남긴 말입니다. 불가능은 없다는 마음으로 전투에 임한 것이 나폴레옹이 여러 전투에서 승리할 수 있었던 가장 큰 원동력 아니었을까요?

생각해 보기

불가능해 보이지만 꼭 도전하고 싶은 일을 적어봅시다.

Setting goals is the first step in turning the invisible into the visible.

목표를 정한다는 것은 보이지 않는 것을 보이게 만드는 첫 단계이다.

_토니 로빈스(Tony Robbins, 1960~)

Step 1 핵심 포인트

set a goal 목표를 세우다 **first step** 첫 단계 **turn A into B** A를 B로 바꾸다

단어에 '**in-**'가 붙으면 '**부정(반대)**'의 의미가 됩니다.

visible 눈에 보이는	correct 정확한	ability 능력
↓	↓	↓
invisible 눈에 보이지 않는	incorrect 부정확한	inability 무능력

Step 2 문장 해석

Setting goals / is the first step / in turning the **invisible** into the **visible**.

목표를 세우는 것 / 첫 번째 단계이다 / 보이지 않는 것을 보이는 것으로 바꾸는

→ 목표를 세우는 것은 보이지 않는 것을 보이는 것으로 바꾸는 첫 번째 단계이다.

낭독 & 필사하기

명언을 큰 소리로 여러 번 읽어보고 필사하면서 되새겨 보세요.

_____

_____

_____

인물 & 명언 살펴보기

토니 로빈스는 《무한능력》《네 안에 잠든 거인을 깨워라》등 세계적인 베스트셀러를 쓴 미국의 작가이자 심리학 권위자입니다. 불우한 어린 시절을 겪었지만 역경을 딛고 일어선 경험을 바탕으로 힘든 상황에 놓인 다른 사람들의 내적 능력을 키워주는 라이프 코치이자 동기 부여 강연자로 활동하고 있습니다. 오늘의 명언은 목표를 세우는 것에 대한 중요성을 일깨워 주고 있습니다.

> 생각해
> 보기
>
> 여러분은 목표를 세우는 것이 왜 중요하다고 생각하나요?

I would rather walk with a friend in the dark, than alone in the light.

어둠 속에서 친구와 함께 걷는 것이 밝은 빛 속에서 혼자 걷는 것보다 더 낫다.

_헬렌 켈러(Helen Adams Keller, 1880~1968)

Step 1 핵심 포인트

alone 혼자   dark 어둠   light 빛

would rather A than B는 'B 하기보다는 **차라리 A 하는 게 더 낫다**'로 해석합니다.

> 예 I **would rather** walk **than** take a taxi. 택시를 타는 것보다는 차라리 걷는 것이 더 낫다.
>
> I **would rather** stay at home **than** hang out.
>
> 어울려 놀기보다는 차라리 집에 있는 것이 더 낫다.

Step 2 문장 해석

I **would rather** / walk with a friend in the dark / **than** / alone in the light.

나는 ~하는 게 낫다 / 어둠 속에서 친구와 함께 걷다 / ~보다 / 빛 속에서 혼자

→ 나는 친구와 함께 어둠 속에서 걷는 것이 혼자 빛 속에서 걷는 것보다 낫다.

명언을 큰 소리로 여러 번 읽어보고 필사하면서 되새겨 보세요.

_____

_____

_____

Step 4

인물 & 명언 살펴보기

헬렌 켈러는 미국의 작가이자 사회복지 사업가였습니다. 어렸을 때 심한 병에 걸려 듣지도 보지도 말하지도 못하는 장애를 갖게 되었지만 앤 설리번 선생님을 만나 장애를 극복하고 대학에 진학했습니다. 평생 동안 장애인 복지 사업 및 여성 권익 보장을 위해 노력했으며, 아동 노동 반대 및 사형제 폐지 운동 등 약자들을 돕기 위해 애썼습니다. 오늘의 명언은 옆에 있는 친구의 소중함을 일깨워 줍니다. 장애로 늘 어둠 속에 있던 헬렌 켈러 옆에 앤 설리번 선생님이 있었기에 어둠도 극복할 수 있었겠지요.

> **생각해 보기**
>
> 여러분은 친구가 힘들어할 때 도와준 적이 있나요?

관련 교과 [체육 4] 3. 경쟁 ★★☆

The more difficult the victory, the greater the happiness in winning.

이기는 데 어려움이 따를수록 이겼을 때의 기쁨도 큰 법이다.

_펠레(Edson Arantes do Nascimento, 1940~)

Step 1 핵심 포인트

difficult 어려운, 힘든 victory 승리

The 비교급~, **the 비교급**은 '**~하면 할수록 더욱 ~하다**'로 해석합니다.

예 **The more** we learn, **the wiser** we become. 우리는 배우면 배울수록 더 현명해진다.

The more we have, **the more** we want. 우리는 가지면 가질수록 더 원한다.

Step 2 문장 해석

The more difficult / the victory, / **the greater** / the happiness in winning.
더 어려울수록 / 승리 / 더 커진다 / 승리의 기쁨

→ 승리가 더 어려워질수록, 승리의 기쁨이 더 크다.

명언을 큰 소리로 여러 번 읽어보고 필사하면서 되새겨 보세요.

_____

_____

_____

Step
4 인물 & 명언 살펴보기

펠레는 축구 황제로 불리는 브라질의 축구 선수로, 본명은 에드손 아란데스 드 나시멘토입니다. 펠레는 황제를 의미하는 예명인데, 예명처럼 그는 월드컵에서 3회의 우승을 이끌며 브라질을 넘어 전 세계에서 가장 유명한 축구선수가 됩니다. 은퇴 후에는 '세계 어린이 축구 교실'을 운영하면서 자신의 재능을 기부하고 있습니다. 오늘의 명언은 어렵게 얻은 승리일수록 가치가 크다는 의미를 담고 있습니다. 큰 어려움일수록 극복이 쉽지 않은 만큼 승리에 대한 감동도 더 의미 있겠죠?

생각해
보기
힘든 일을 해내서 기뻤던 경험이 있나요?

Be less curious about people, and more curious about ideas.

사람에 대한 호기심은 덜 하고, 생각들에 대해 더 궁금해해라.

_마리 퀴리(Marie Curie, 1867~1934)

핵심 포인트

curious 궁금한 about ~에 대해

less ~ more ~는 '덜 ~하고 더 ~하라'로 해석합니다.
> 예 **Less** advice and **more** hands. 충고는 덜하고 손(도움)은 더하라.
> **Less** complain and **more** smiles. 불평은 덜하고 더 웃어라.

문장 해석

Be / **less** curious about people, / and / **more** curious about ideas.

하라 / 사람들에 대해서 덜 궁금한 / 그리고 / 생각들에 대해서 더 궁금한

→ **사람에 대해서는 덜 궁금해하고 생각은 더 궁금해하라.**

낭독 & 필사하기

명언을 큰 소리로 여러 번 읽어보고 필사하면서 되새겨 보세요.

_____

_____

_____

인물 & 명언 살펴보기

마리 퀴리는 화학과 물리를 연구한 프랑스의 과학자입니다. 남편 피에르 퀴리와 함께 방사능을 연구하여 '폴로늄'과 '리듐'을 발견했으며, 리듐 원소의 분리에 성공했습니다. 마리 퀴리는 다양한 영역에서 최초란 수식어를 얻었습니다. 소로본 대학에서 여성 최초로 물리학 박사를 취득했고, 소로본 대학 최초의 여성 교수로 임용되었으며, 여성 최초로 노벨상을 수상했습니다. 다른 두 영역에서 노벨상을 각각 수상한 최초의 과학자이기도 합니다. 오늘의 명언은 사람들에 대해 궁금해하는 대신에 생각을 궁금해하라는 의미입니다. 누군가에 대해 관심을 갖기보다는 아이디어, 생각, 지식 등에 대해 탐구하라는 의미로 해석할 수 있습니다.

**생각해
보기**   여러분은 요즘 어떤 아이디어에 관심이 있나요?

At the end of the day, we can endure much more than we think we can.

하루의 끝에서 우리는 우리가 생각하는 것보다 더 많이 견딜 수 있을 겁니다.

_프리다 칼로(Frida Kahlo de Rivera, 1907~1954)

Step 1 핵심 포인트

at the end of ~의 끝에 endure 견디다

비교하는 표현('more/less~than'또는 '-er than')을 강조할 때는 '**훨씬**'이라는 뜻의 **much**를 사용합니다.

예 Anna is **much** faster than Hans. 안나는 한스보다 훨씬 더 빠르다.

I am **much** more beautiful than you. 나는 너보다 더 예쁘다.

※ **비교하는 표현을 강조**하기 위해 much, still, far, even, a lot 을 사용할 수 있습니다.

예 She is far smarter than him. 그녀는 그보다 훨씬 더 똑똑하다.

문장 해석

At the end of the day / we can endure / **much** more than / we think / we can.

하루에 끝에서 / 우리는 견딜 수 있다 / ~보다 훨씬 더 / 우리는 생각한다 / 우리가 할 수 있다고

→ 하루의 끝에서 우리는 우리가 할 수 있다고 생각하는 것보다 훨씬 더 견딜 수 있다.

Step
3

낭독 & 필사하기

명언을 큰 소리로 여러 번 읽어보고 필사하면서 되새겨 보세요.

_____

_____

_____

Step
4

인물 & 명언 살펴보기

프리다 칼로는 멕시코의 화가입니다. 칼로는 어렸을 때 의사가 되기 위해 국립 예비 학교에 다녔지만 당시 유명한 화가였던 디에고 리베라가 벽화를 그리는 것을 보고 꿈을 바꿨습니다. 하지만 18세의 나이에 큰 교통사고를 당해 30여 차례의 수술을 받게 됩니다. 하지만 좌절하지 않고 인생의 절반을 침대에 누워 지내면서도 매 순간 최선을 다해 그림을 그렸습니다. 오늘의 명언은 인간은 스스로 생각하는 것보다 훨씬 더 인내심이 뛰어나다는 말을 하고 있습니다. 침대에 누워 생활하면서도 작품 활동을 멈추지 않은 프리다 칼로의 모습을 보면 '인내심의 한계는 어디인가?'라는 생각이 듭니다.

생각해
보기

여러분은 스스로 인내심이 강하다고 생각하나요? 인내심을 기르기 위해서는 어떻게 해야 할까요?

Day 40

관련 교과 [과학 5-1] 3. 태양계와 별 ★☆☆

Quiet people have the loudest minds.

조용한 사람은 가장 우렁찬 마음을 가지고 있다.

_스티븐 윌리엄 호킹(Stephen William Hawking, 1942~2018)

Step 1 핵심 포인트

quiet 조용한   loud 시끄러운, 우렁찬, 강인한   mind 마음

단어 끝에 '-est'를 붙이면 '**가장**'이라고 해석하며 '**최고**'라는 의미가 됩니다. '**the -est**'의 형태로 사용합니다.

예 I'm **the** strong**est**. 내가 가장 힘이 세다.

She is **the** smart**est** in her class. 그녀는 반에서 가장 똑똑하다.

문장 해석

Quiet people / have / **the loudest** minds.

조용한 사람들 / 가지고 있다 / 가장 강인한 마음

→ **조용한 사람들은 가장 강인한 마음을 가지고 있다.**

낭독 & 필사하기

명언을 큰 소리로 여러 번 읽어보고 필사하면서 되새겨 보세요.

_____

_____

_____

인물 & 명언 살펴보기

스티븐 윌리엄 호킹은 영국의 물리학자입니다. 스물한 살의 나이에 루게릭병에 걸려 시한부 판정을 받고 글을 쓸 수도 말을 할 수도 없는 힘든 삶을 살았습니다. 하지만 병마에 굴하지 않고 연구를 계속해 마침내 우주 탄생의 비밀인 블랙홀(black hole)에 대해 발표하여 세상을 놀라게 했습니다. 오늘의 명언은 스티븐 호킹의 삶 그 자체를 보여줍니다. 병마에 맞서야 하는 어려움 속에서 그가 보여준 강인한 마음은 많은 사람들의 귀감이 되었습니다. 매일 죽음과 맞서며 우주의 비밀을 밝혀낸 스티븐 호킹은 이 시대를 대표하는 진정한 과학자입니다.

생각해 보기

강인한 마음을 가질 수 있는 좋은 방법을 생각해봅시다.

Great Britain

Scotland

North Sea

GLASGOW

EDINBURGH CASTLE

Northern Ireland

Ireland

Irish Sea

LIVER POOL

MANCHESTER

England

LONDON

WALES

WHITE CLIFFS OF DOVER

English Channel

화폐 속 위인과의 만남 2 　영국

화폐에는 한 나라의 역사와 문화를 빛낸 위인들이나 상징물이 새겨져 있습니다. 이번 시간에는 영국의 화폐를 살펴 보며 영국을 대표하는 위인들에 대해 알아보겠습니다.

제인 오스틴

나는 2017년부터 발행한 10파운드 지폐의 주인인 제인 오스틴이야. 《오만과 편견》을 쓴 작가이기도 하지. 사람들은 내 소설을 너무도 많이 사랑해줬어. 그래서 "결국 독서 같은 즐거움은 없다고 선언하노라. (I declare after all there is no enjoyment like reading)"라는 글귀가 지폐에 함께 적혔지. 너희들도 기회가 되면 내 책을 읽어봐!

애덤 스미스

안녕? 나는 자본주의의 아버지로 불리는 애덤 스미스라고 해! 나는 『국부론』이란 책에서 처음으로 '수요와 공급'이나 '보이지 않는 손' 이야기를 하며 경제학의 기틀을 마련했어. 그 덕에 나는 파운드에 새겨진 최초의 스코틀랜드인이 될 수 있었지. 언젠가 너희들도 내 책 『국부론』을 읽으며 경제에 대한 이해를 넓히는 시간을 갖길 바라!

앨런 튜링

나는 인공지능(AI)의 아버지라고 불리는 앨런 튜링이야. 나는 '튜링 테스트'랑 '튜링 머신'을 개발했고 독일군의 암호를 풀기도 했어. 하지만 예전에는 사람들이 내가 어떤 멋진 일을 해냈는지 잘 몰랐어. 그래도 2021년부터 유통되는 50파운드 화폐에 내가 주인공으로 선정된 걸 보면 이제라도 사람들이 내 업적을 알아주는 것 같아. 나에 대해 더 알고 싶다면 〈day 62〉를 봐줘!

아름다운 눈을 갖고 싶으면 다른 사람들에게서 좋은 점을 보아라.

PART
3

Day 41 - Day 60

Education is the most powerful weapon which you can use to change the world.

교육은 세상을 바꾸는 데 사용할 수 있는 가장 강력한 무기다.

_넬슨 만델라(Nelson Rolihlahla Mandela, 1918~2013)

Step 1 핵심 포인트

education 교육 powerful 강력한 weapon 무기 change 바꾸다

the most는 '**가장**'으로 해석합니다.

예 She made **the most** delicious soup. 그녀는 가장 맛있는 수프를 만들어줬다.

What did she enjoy **the most**? 그녀는 무엇을 가장 즐겼니?

Step 2 문장 해석

Education is / **the most** powerful weapon / which you can use / to change
the world.

교육은 ~이다 / 가장 강력한 무기 / 당신이 사용할 수 있는 / 세상을 바꾸기 위해서

→ 교육은 세상을 바꾸기 위해서 당신이 사용할 수 있는 가장 강력한 무기다.

낭독 & 필사하기

명언을 큰 소리로 여러 번 읽어보고 필사하면서 되새겨 보세요.

_____

_____

_____

Step
4

인물 & 명언 살펴보기

넬슨 만델라는 남아프리카공화국의 흑인 인권운동가이자 최초의 흑인 대통령입니다. 변호사 출신인 그는 평생 흑인 인권을 위해 투쟁했습니다. 정치범으로 감옥에 수감되는 고통 속에서도 폭력은 폭력을 낳기 때문에 비폭력 평화주의가 옳다고 생각하며, 감옥에서 27년 동안 '인종 차별 정책'의 부당함을 알리는 편지를 써서 세계를 놀라게 했습니다. 흑인 인권 향상을 위해 애쓴 공을 인정받아 1993년 노벨평화상을 수상하게 됩니다. 오늘의 명언은 교육의 중요성을 말해 줍니다. 넬슨 만델라는 세상을 보다 좋은 곳으로 만들기 위한 핵심은 교육이라 생각했습니다.

생각해
보기

넬슨 만델라는 세상을 바꾸는 데 가장 필요한 것이 '교육'이라 생각했습니다.
여러분은 세상을 바꾸는 데 가장 필요한 것이 무엇이라 생각하나요?

Day 42

관련 교과 [도덕 6] 1. 내 삶의 주인은 바로 나 ★★☆

The greatest victory a man can win is victory over himself.

사람이 할 수 있는 가장 훌륭한 승리는 바로 자기 자신을 이기는 것이다.

_페스탈로치(Pestalozzi, Johann Heinrich, 1746~1827)

핵심 포인트

victory 승리 himself 그 자신

over는 '~위에' 또는 '~을 넘어서'로 해석합니다.

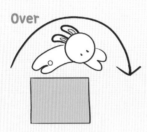

예 Somewhere **over** the rainbow. 무지개 너머 어딘가에

I jumped **over** the fence. 나는 울타리를 뛰어넘었다.

문장 해석

The greatest victory / a man can **win** / is victory / **over** himself.

가장 훌륭한 승리 / 사람이 얻을 수 있다 / 승리이다 / 그 자신을 넘어서

→ 사람이 얻을 수 있는 가장 훌륭한 승리는 자신을 넘어서는 승리다.

낭독 & 필사하기

명언을 큰 소리로 여러 번 읽어보고 필사하면서 되새겨 보세요.

_____

_____

_____

인물 & 명언 살펴보기

페스탈로치는 스위스의 교육자입니다. 교육만이 사회 불평등을 해결할 수 있다는 생각으로 가난한 아이들을 위한 학교를 세웠습니다. 아이들의 인격을 존중하고, 억압과 체벌을 반대하는 그의 교육관은 현재 초등 교육의 기초가 되었습니다. 오늘의 명언은 가장 훌륭하고 의미 있는 승리는 자기 자신을 이기는 것이라는 의미로 자신 안에 나약함을 극복하고 더 나은 자신이 되도록 노력하는 것이 중요하다는 것을 말해 주고 있습니다.

생각해
보기

부모님이나 선생님이 시켜서 하는 것이 아니라 스스로 계획을 세우고 실행한 경험이 있나요?

I have the simplest tastes.
I am always satisfied with the best.

나의 취향은 단순하다. 최고의 것에 만족하는 것이다.

_오스카 와일드(Oscar Wilde, 1854~1900)

Step 1 핵심 포인트

taste 취향, 맛 simple 단순한, 간단한 the best 최고, 최상 always 항상

---

be satisfied with는 '**~에 만족하다**'로 해석합니다.

> 예 I **am satisfied with** the result. 나는 그 결과에 만족한다.
>
> She **is satisfied with** her life in Seoul. 그녀는 서울에서의 삶에 만족한다.

Step 2 문장 해석

I have the simplest tastes. / I **am** always **satisfied with** / the best.

나는 가장 단순한 취향을 가지고 있다. / 나는 항상 ~에 만족한다 / 최고

→ **나는 가장 단순한 취향을 가지고 있다. 나는 항상 최고에 만족한다.**

Step 3 낭독 & 필사하기

명언을 큰 소리로 여러 번 읽어보고 필사하면서 되새겨 보세요.

_____

_____

_____

Step 4 인물 & 명언 살펴보기

오스카 와일드는 동화, 소설, 희극 등의 다양한 분야에서 글을 쓴 아일랜드의 작가입니다. 모든 일에 항상 최선을 다하는 성격이었던 그는 《행복한 왕자》로 인기 작가의 반열에 올랐습니다. 그 후 상류층의 부정부패를 다룬 다른 희극 작품들을 발표하면서 작가로서의 전성기를 맞이합니다. 오늘의 명언은 자신의 일에 최고를 목표로 삼고 나아가는 것의 중요성을 일깨워 주고 있습니다.

생각해
보기

최선을 다해 만족할 만한 결과를 만들어낸 경험이 있나요?

It is possible to fly without motors, but not without knowledge and skill.

모터가 없이도 날 수 있지만, 지식과 기술 없이는 불가능하다.

_라이트 형제(윌버 라이트 Wilbur Wright, 1867~1912 / 오빌 라이트 Orville Wright, 1871~1948)

 Step 1 핵심 포인트

possible 가능한　knowledge 지식　skill 기술

명사는 크게 **셀 수 있는 명사**와 **셀 수 없는 명사**로 나뉩니다. **셀 수 있는 명사**의 경우 **단수 (한 개)**일 때는 단어 앞에 a(an)을 쓰며 **복수 (여러 개)**일 때는 단어 끝에 -s(-es)를 붙입니다.

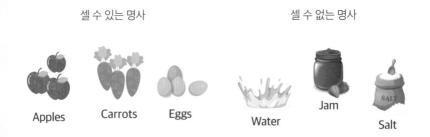

셀 수 있는 명사　　　　　　　　셀 수 없는 명사

Apples　　Carrots　　Eggs　　　Water　　Jam　　Salt

예 I have **two books**. 나는 두 권의 책을 가지고 있다.

I buy **an apple**. 나는 사과 한 개를 샀다.

문장 해석

It is possible to fly / without **motors**, / but not / without **knowledge** and **skill**.
나는 것이 가능하다 / 모터들 없이 / 하지만 아니다 / 지식이나 기술 없이

→ **모터들 없이 나는 것은 가능하지만 지식이나 기술 없이는 안 된다.**

낭독 & 필사하기

명언을 큰 소리로 여러 번 읽어보고 필사하면서 되새겨 보세요.

_____

_____

_____

인물 & 명언 살펴보기

라이트 형제는 미국의 비행기 제작자이자 항공계를 개척한 위인입니다. 라이트 형제
는 처음엔 자전거 수리공으로 일하며 생계를 이어나갔습니다. 하지만 평소 호기심이
왕성했던 형제는 자전거를 분해하며 자전거 작동의 원리를 터득합니다. 그 후 이 원리
를 활용해 비행기를 만들면 좋겠다고 생각, 1903년 12월 17일 인류 역사상 처음으
로 비행에 성공합니다. 오늘의 명언은 지식이나 기술 없이는 결코 비행기를 만드는 데
성공할 수 없었을 것이라는 의미입니다. 즉 지식이나 기술이 그 어떤 것보다 중요하다
는 말을 전하고 있습니다.

> **생각해
> 보기**
>
> 여러분은 과학 기술의 발전이 어떤 점에서 좋다고 생각하나요? 반대로 과학 기술의
> 발전이 좋지 않은 이유는 무엇인가요?

관련 교과 [과학 6-2] 4. 우리 몸의 구조와 기능 ★ ☆ ☆

Life is short, art is long.

인생은 짧고 예술은 길다.

_히포크라테스(Hippokrates of Kos, 기원전 460 ~ 기원전 370)

핵심 포인트

life 인생 short 짧은 art 예술 long 긴

셀 수 없는 명사는 말 그대로 셀 수 없기 때문에 단수, 복수의 개념이 없습니다. 따라서 **단어 앞에 a(an)이나 단어 끝에 -s(-es)를** 사용하지 않습니다.

> ※ 셀 수 없는 명사의 종류
>
> **감정 또는 보이지 않는 개념** joy(기쁨), love(사랑), peace(평화)
>
> **액체, 기체, 분말** water(물), wind(바람), salt(소금), milk(우유)
>
> **나라(지역) 또는 사람** Korea(한국), Paris(파리), Amy(이름)

예 She drinks **milk** every day. 그녀는 매일 우유를 마신다.

Knowledge is power. 지식은 힘이다.

문장 해석

Life is short, / **art** is long.

인생은 짧다 / 예술은 길다

→ **인생은 짧고 예술은 길다.**

낭독 & 필사하기

명언을 큰 소리로 여러 번 읽어보고 필사하면서 되새겨 보세요.

_____

_____

_____

인물 & 명언 살펴보기

히포크라테스는 역사상 가장 유명한 고대 그리스의 의사이자 서양 의학의 선구자입니다. 히포크라테스는 임상 관찰을 토대로 다양한 의학 지식을 남겼으며, 훗날 그의 의학 연구는 70여 권에 달하는 《히포크라테스 전집》으로 정리됩니다. 또한 히포크라테스는 의학 윤리를 담은 '히포크라테스 선서'를 만든 인물로도 유명합니다. 오늘의 명언은 인생은 짧고 예술은 길다입니다. 여기서 예술은 미술을 넘어 의술이나 학문을 의미하기도 합니다. 즉 인간의 수명은 한정되어 있으나 의술이나 학문은 훨씬 오래 남아 이어질 거란 뜻입니다.

> **생각해 보기**
>
> "인생은 짧고 _____ 은 길다." _____ 에 들어갈 표현을 자유롭게 적어 보세요. 왜 그렇게 생각하나요?

Day 46

All our dreams can come true, if we have the courage to pursue them.

꿈을 추구할 용기만 있다면, 그 모든 꿈을 이루어낼 수 있다.

_월트 디즈니(Walt Disney, 1901~1966)

Step 1 핵심 포인트

come true 이루어지다   courage 용기   pursue 추구하다

all은 '**모든**'으로 해석합니다.

예 **All** dogs are cute. 모든 개들은 귀엽다.

All information should be free. 모든 정보는 무료여야 한다.

Step 2 문장 해석

All our dreams can come true, / if / we have / <u>the courage</u> <u>to pursue them.</u>

모든 꿈은 이루어질 수 있다 / (만약)~한다면 / 우리가 가지고 있다 / 그것들(꿈)을 추구할 용기를

→ 우리가 그것들(꿈)을 추구할 용기를 가지고 있다면, 모든 꿈은 이루어질 수 있다.

낭독 & 필사하기

명언을 큰 소리로 여러 번 읽어보고 필사하면서 되새겨 보세요.

_____

_____

_____

인물 & 명언 살펴보기

월트 디즈니는 미국의 애니메이션 제작자이자 연출가이며, 캐릭터 산업을 최초로 개척한 인물이기도 합니다. 그가 처음부터 성공했던 것은 아닙니다. 종이 애니메이션 영화를 제작하다가 파산하기도 했고 사기를 당한 적도 있습니다. 하지만 디즈니는 애니메이션에 대한 사랑과 열정을 가지고 끝까지 노력했습니다. 그 결과 '미키마우스'를 포함한 다양한 캐릭터를 만들었으며, 세계 최고의 테마파크인 '디즈니랜드'를 세워 수많은 어린이들에게 꿈과 환상의 나라를 선사했습니다. 오늘의 명언은 월트 디즈니처럼 꿈을 이루기 위한 용기(마음)만 있다면 언젠가 그 꿈을 이룰 수 있다는 의미입니다.

생각해
보기

여러분은 디즈니 영화 중에 어떤 것을 가장 좋아하나요?

It does not matter how slowly you go as long as you do not stop.

멈추지 않는 이상 얼마나 천천히 가는지는 문제되지 않는다.

_공자(Confucious, 기원전 551~기원전 479)

Step 1 핵심 포인트

It does not matter 문제가 되지 않다(~은 중요하지 않다)

---

as long as는 '**~하는 한**'으로 해석합니다.

예 You may stay **as long as** you want. 네가 원하는 한 머물러도 좋다.

As long as you are happy, that's all I want.

네가 행복하기만 하다면 그게 내가 원하는 전부이다.

Step 2 문장 해석

It does not matter / how slowly you go / **as long as** / you do not stop.

문제가 되지 않는다 / 얼마나 천천히 네가 가는지 / ~하는 한 / 네가 멈추지 않다

→ **네가 멈추지 않는 한 네가 얼마나 천천히 가는지는 문제되지 않는다.**

낭독 & 필사하기

명언을 큰 소리로 여러 번 읽어보고 필사하면서 되새겨 보세요.

_____

_____

_____

인물 & 명언 살펴보기

공자는 유교의 시조인 중국 춘추 전국 시대의 사상가이자 정치가이며 교육자입니다. 일찍 학문에 눈을 떠 많은 제자들을 길러냈고, 훗날 그 제자들이 공자의 가르침을 정리하여 《논어》를 편찬했습니다. 공자는 사람이 마땅히 갖추어야 할 네 가지 성품인 인의예지를 강조했는데 어질고, 의롭고, 예의 바르고, 지혜로움을 이릅니다. 오늘의 명언은 자신이 하고 있는 일에 대해서 조바심을 가지지 말고 목표를 이룰 때까지 묵묵히 나아가기를 바라는 공자의 바람을 담고 있습니다.

생각해
보기

목표를 위해 멈추지 않고 꾸준히 하고 있는 일이 있나요?

What matters in learning is not to be taught, but to wake up.

배움에서 중요한 것은 가르침을 받는 것이 아니라 깨우치는 것이다.

_장 앙리 파브르(Jean Henri Fabre, 1823~1915)

 핵심 포인트

what ~것   matter 중요하다   be taught 가르침을 받다   wake up 깨어나다

----

not A but B 는 'A가 아닌 B'로 해석합니다. A와 B 중 **B를 강조하는 표현**입니다.

예 He is **not** a teacher **but** a student. 그는 선생님이 아니라 학생이다.

She came **not** from China **but** from Vietnam.

그녀는 중국에서 온 것이 아니라 베트남에서 왔다.

Step 2 **문장 해석**

What matters in learning is / **not** to be taught,/ **but** to wake up.

배움에서 중요한 것은 ~이다 / 가르침을 받는 것이 아닌 / 그러나 깨어나는 것

→ **배움에 있어 중요한 것은 가르침을 받는 것이 아니라 깨어나는(깨우치는) 것이다.**

Step 3 낭독 & 필사하기

명언을 큰 소리로 여러 번 읽어보고 필사하면서 되새겨 보세요.

_____

_____

_____

Step 4 인물 & 명언 살펴보기

파브르는 프랑스의 곤충학자로, 가난했던 어린 시절 시골 할아버지 집에서 생활하면서 곤충에 관심을 갖기 시작했습니다. 성인이 된 후 교사로 일하면서도 어린 시절 꿈을 잃지 않고 곤충에 대한 연구를 계속 이어갔습니다. 결국 28년 동안 10권의 《곤충기》를 발표했고, 지금까지 많은 사람들에게 인기를 얻고 있습니다. 오늘의 명언은 스스로 배우고 깨우치는 것이 학습에서 가장 중요한 것임을 알려줍니다. 파브르가 곤충에 대해 끊임없이 공부하여 《곤충기》란 역작을 남긴 것처럼 말입니다.

생각해 보기

여러분은 스스로 깨우치는 것이 왜 중요하다고 생각하나요?

Every individual matters.
Every individual has a role to play.
Every individual makes a difference.

모든 개인은 중요하다. 모든 개인은 각자의 역할이 있다. 모든 개인은 차이를 만든다.

_제인 구달(Jane Goodall, 1899~1961)

핵심 포인트

individual 개인 matter 중요하다 role 역할
play (역할을) 하다 makes a difference 차이를 만들다

---

every는 단수(한 개) 명사와 함께 사용하고 '**모든**'으로 해석합니다.

예 **Every** child is important. 모든 아이는 중요하다

Every student has a good idea. 모든 아이는 좋은 생각을 가지고 있다.

Step 2 문장 해석

Every individual matters. / **Every** individual has / a role to play. /
Every individual makes a difference.

모든 개인은 중요하다 / 모든 개인은 가지고 있다 / 할 역할을 / 모든 개인은 차이를 만든다

→ 모든 개인은 중요합니다. 모든 개인은 해야 할 역할을 가지고 있습니다.
　 모든 개인이 차이를 만듭니다.

Step 3 낭독 & 필사하기

명언을 큰 소리로 여러 번 읽어보고 필사하면서 되새겨 보세요.

_____

_____

_____

Step 4 인물 & 명언 살펴보기

제인 구달은 영국의 동물학자이자 환경운동가입니다. 동물을 좋아했던 제인 구달은 탄자니아에서 40년 동안 침팬지를 연구했습니다. 처음에는 변변한 교육을 받지 못한 사람이 연구를 한다고 사람들의 비웃음을 샀지만 수십 년에 걸친 연구 끝에 침팬지가 인간처럼 도구를 사용할 수 있고, 무리를 이뤄 사회생활을 한다는 사실을 밝혀냈습니다. 또한 제인 구달은 자연을 아끼고 보호하는 움직임인 '뿌리와 새싹' 운동을 전개하며 환경보호에도 앞장섰습니다. 오늘의 명언은 모든 사람은 각자의 역할이 있으며 각자가 사회에서 변화를 만들어낼 수 있는 중요한 사람이라는 뜻을 담고 있습니다.

생각해
보기

여러분은 세상에서 어떤 역할을 맡고 싶나요? 미래에 어떤 선한 영향력을 행사하길 원하나요?

Every moment wasted looking back keeps us from moving forward.

과거를 돌아보며 낭비하는 모든 순간은 우리가 앞으로 나아가는 것을 막는다.

_힐러리 클린턴(Hillary Diane Rodham Clinton, 1947~　　)

Step 1 핵심 포인트

moment 순간　wasted 낭비된, 헛된　look back (과거를) 되돌아보다
forward 앞으로

---

keep A from~ ing는 'A가 ~하지 못하게 하다'로 해석합니다.

예 Mom **keeps** me **from** eat**ing** ice cream. 엄마는 내가 아이스크림을 먹지 못하게 한다.

She **keeps** students **from** talk**ing** loudly.

그녀는 학생들이 시끄럽게 이야기하지 못하게 한다.

Step 2 문장 해석

Every moment / wasted looking back / **keeps** us **from** mov**ing** forward.

모든 순간 / 뒤를 돌아보며 낭비된 / 우리가 앞으로 움직이지(나아가지) 못하게 한다

→ 뒤돌아보며 낭비한 모든 순간이 우리가 앞으로 움직이지 못하게 한다.

낭독 & 필사하기

명언을 큰 소리로 여러 번 읽어보고 필사하면서 되새겨 보세요.

_____

_____

_____

인물 & 명언 살펴보기

힐러리 클린턴은 미국의 정치인이자 세계적인 여성 리더입니다. 어린 시절 우주비행사를 지원했지만 그 당시 여자는 우주비행사가 될 수 없다는 벽에 부딪힙니다. 하지만 힐러리는 굴복하지 않고 계속해서 도전합니다. 42대 미국 대통령의 영부인으로 정책에 적극적으로 참여했으며, 정치적 역량이 뛰어나 상원의원과 국무장관을 역임하고 최초의 미국 여성 대통령에 도전했습니다. 비록 당선되진 못했지만 멈추거나 굴복하지 않은 힐러리 클린턴의 삶은 많은 것을 깨닫게 합니다. 오늘의 명언은 지나간 어두운 과거에 집중하기보다는 앞으로의 발전을 위해 노력하는 것이 중요하다는 의미입니다.

생각해
보기

과거의 힘들었던 경험으로 인해 다시 시작하는 것이 망설여진 적이 있나요?

In order to be irreplaceable
one must always be different.

그 무엇으로도 대체할 수 없는 존재가 되기 위해서는 늘 남달라야 한다.

_코코 샤넬(Gabriel Coco Chanel, 1883~1971)

핵심 포인트

irreplaceable 대체할 수 없는   different 다른   must ~해야 한다

in order to + 동사는 '**~하기 위해서**'로 해석하며 **목적**을 나타냅니다.

※ In order는 주로 생략합니다.

- 예 (In order) **to** pass the exam, we must study hard.

  시험에 통과하기 위해서 우리는 열심히 공부해야 한다.

  I ran fast (in order) **to** get there in time. 나는 제 시간에 도착하기 위해서 빠르게 달렸다.

문장 해석

In order to / be irreplaceable / one must always be different.

~하기 위해서 / 대체 할 수 없다 / 사람은 항상 달라야 한다.

→ 대체할 수 없기 위해서는 사람은 항상 달라야 한다.

Step 3 낭독 & 필사하기

명언을 큰 소리로 여러 번 읽어보고 필사하면서 되새겨 보세요.

_____

_____

_____

Step 4 인물 & 명언 살펴보기

코코 샤넬은 프랑스 패션 디자이너로 "내가 곧 스타일"이라는 유명한 말을 남겼습니다. 부모가 없는 고아로 보육원에서 자라면서 직업 교육으로 바느질을 배웠습니다. 그후 의상실에서 일하던 샤넬은 여성의 몸을 불편하게 하는 많은 장식과 코르셋을 없애고 활동하기 편하고 실용적이면서도 세련된 옷을 선보이며 세계적인 디자이너가 되었습니다. 오늘의 명언은 다른 사람이 대신할 수 없는 유일한 사람이 되기 위해서는 항상 남과 다른 생각과 강점이 있어야 한다는 의미입니다. 코르셋에 압박당하던 시절, 여성의 몸에 자유를 준 코코 샤넬이 옷에 다른 관점을 가졌던 것처럼 말입니다.

생각해 보기 │ 다른 사람과 구별되는 나만의 특기를 가지고 있나요? 여러분만의 강점은 무엇인가요?

Day 52　　관련 교과 [도덕 6] 2. 작은 손길이 모여 따뜻해지는 세상 ★★☆

For beautiful eyes,
look for the good in others.

아름다운 눈을 갖고 싶으면 다른 사람들에게서 좋은 점을 보아라.

_오드리 헵번(Audrey Kathleen Hepburn, 1929~1993)

 Step 1 핵심 포인트

for ~을 위해　beautiful 아름다운　others 다른 사람들

look은 '보다'로 해석하며 뒤에 **at, for, after**를 붙이면 각각 다른 뜻이 됩니다.

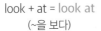

look + at = look at　　　look + for = look for　　　look + after = look after
(~을 보다)　　　　　　　(~을 찾다)　　　　　　　(~을 돌보다)

📍 I am **look**ing **for** my mother. 나는 나의 어머니를 찾는 중이다.

He is **look**ing **after** his mother. 그는 그의 어머니를 돌보는 중이다.

문장 해석

For beautiful eyes, / **look for** / the good in others.

아름다운 눈을 위해서 / ~을 찾다/ 다른 사람들 안에 있는 좋은 것

→ 아름다운 눈을 위해서는 다른 사람들 안에 있는 좋은 것을 찾아라.

낭독 & 필사하기

명언을 큰 소리로 여러 번 읽어보고 필사하면서 되새겨 보세요.

_____

_____

_____

인물 & 명언 살펴보기

오드리 헵번은 〈로마의 휴일〉〈티파니에서 아침을〉 등의 작품에서 열연한 할리우드 배우입니다. 화려한 스타 생활을 하던 1988년 어느 날 오드리 헵번은 유니세프 친선대사로 아프리카를 방문합니다. 그곳에서 수많은 아이들이 질병과 배고픔으로 죽어가는 모습을 보며 큰 충격을 받습니다. 이후 배우로서의 화려한 삶을 뒤로하고 아프리카에서 아이들의 생명을 살리는 활동에 앞장서게 됩니다. 오늘의 명언은 오드리 헵번이 크리스마스이브에 쓴 글귀입니다. 아름다운 눈을 갖기 위해서는 다른 사람들의 좋은 점을 봐야한다는 뜻으로 타인의 긍정적인 부분을 보려고 노력하는 것이 중요하다는 의미입니다.

생각해
보기

여러분의 주변 사람들(친구, 가족)의 좋은 점을 이야기해 보세요.

No one has ever become poor by giving.

남 줘서 가난해지는 법 없다.

_안네 프랑크(Anne Frank, 1929~1945)

핵심 포인트

ever 언제나   become ~이 되다   poor 가난한   by~ing ~함으로써

----

one은 숫자 '하나(1)'뿐 아니라 **사람(사물)**을 가리키기도 합니다. 영어에는 '-one'으로 끝나는 다양한 단어들이 있습니다.

every**one**	any**one**	some**one**	no **one**
모든사람	누구나	어떤사람	아무도~않다

예 **No one** is there. 아무도 거기에 없다.

Everyone should be quite in the library.

모든 사람들은 도서관에서 조용히 해야 한다.

2 문장 해석

No one / has ever become poor / by giving.

아무도 ~않다 / 가난하게 되다 / 나눔으로써

→ **아무도 나눔으로써 가난하게 되지 않다.**

3 낭독 & 필사하기

명언을 큰 소리로 여러 번 읽어보고 필사하면서 되새겨 보세요.

_____

_____

_____

4 인물 & 명언 살펴보기

안네 프랑크는 독일 프랑크푸르트에서 태어난 유대계 소녀였습니다. 제2차 세계대전이 발생하고 나치가 유대인을 박해하자 프랑크 가족은 2년이 넘는 시간을 은신처에서 숨어 지냈습니다. 그러는 동안 안네는 '키티'라는 일기장에 매일의 기록을 담았고 훗날 《안네의 일기》로 출간되었습니다. 일기에는 사춘기 소녀의 성장을 넘어 전쟁의 참상, 곤경 속에서도 꺾이지 않는 용기가 잘 드러나 있었고, 이는 많은 이들에게 큰 울림을 주었습니다. 오늘의 명언은 힘들고 어려운 상황에서 주변 사람들과 음식을 나눠 먹으면서 나눔을 실천한 안내의 가르침을 담고 있습니다.

> **생각해 보기**
>
> 여러분의 것을 친구나 주변 사람들에게 나눠주면서 행복했던 경험이 있나요?

Everyone thinks of changing the world, but no one thinks of changing himself.

모두들 세상을 변화시키려고 생각하지만 정작 스스로 변하겠다고 생각하는 사람은 없다.

_레프 톨스토이(Lev Nikolaevich Tolstoi, 1828~1910)

핵심 포인트

everyone 모든 사람(모두)　change 바꾸다　no one 아무도 ~않다　himself (그) 자신

think of 는 '**~를 생각하다**'로 해석합니다.

예　I always **think of** you. 나는 항상 너를 생각해.

　　Think of the end before you begin. 시작하기 전에 끝을 생각하라.

문장 해석

Everyone **thinks of** /changing the world, / but / no one **thinks of** /changing himself.

모두가 ~를 생각하다 / 세상을 바꾸는 것 / 그러나 / 누구도 ~를 생각하지 않는다 / 자신을 바꾸는 것 .

→ 모두가 세상을 바꾸는 것을 생각하지만 누구도 자신을 바꾸는 것은 생각하지 않는다.

명언을 큰 소리로 여러 번 읽어보고 필사하면서 되새겨 보세요.

_____

_____

_____

Step 4 인물 & 명언 살펴보기

톨스토이는 러시아 문학을 대표하는 소설가로 《전쟁과 평화》《안나 카레니나》《바보 이반》등의 작품을 남겼습니다. 19세기 러시아의 현실과 고통 받는 러시아 민중의 삶을 생동감 있게 그려내 오늘날까지 러시아 문학을 대표하는 세계적인 문호로 인정받고 있습니다. 농노 해방과 러시아의 종교 문제를 고민한 사상가이자 개혁가이기도 합니다. 오늘의 명언은 세상을 바꾸려는 원대한 꿈을 꾸기 이전에 자기 자신을 돌아보는 것이 중요하다는 뜻입니다.

생각해 보기 — 여러분은 친구나 주변 사람들에게 변화를 강요한 적이 있나요?

When someone takes away your pens you realize quite how important education is.

누군가가 당신의 펜을 빼앗아 갈 때 당신은 교육이 얼마나 중요한지 깨닫게 됩니다.

_말랄라 유사프자이(Malala Yousafzai, 1997~)

핵심 포인트

take away 빼앗다 **realize** 깨닫다 **quite** 꽤, 상당히 **how** 얼마나

'some**one**'은 '누군가'라는 뜻으로 'some**body**'로 바꿔 쓸 수 있습니다. 이처럼 '-**one**'으로 끝나는 단어는 '-**body**'로 바꿔 쓸 수 있습니다.

※ '-one'으로 끝나는 단어는 '-body'로 끝나는 단어보다 격식을 갖춘 표현입니다.

everyone (=everybody)	anyone (=anybody)	someone (=somebody)	no one (=nobody)
모든사람	아무나	누군가	아무도 ~않다

예 **Everyone** likes a good book. 모든 사람은 좋은 책을 좋아한다.

(= **Everybody** likes a good book.)

134

문장 해석

When **someone** takes away your pens / you realize / quite how important education is.

누군가가 당신의 펜을 빼앗을 때 / 당신은 깨닫는다 / 교육이 얼마나 중요한지를

→ **누군가가 당신의 펜을 빼앗을 때 당신은 교육이 얼마나 중요한지를 깨닫는다.**

낭독 & 필사하기

명언을 큰 소리로 여러 번 읽어보고 필사하면서 되새겨 보세요.

_____

_____

_____

인물 & 명언 살펴보기

말랄라 유사프자이는 파키스탄의 교육운동가이자 UN 교육 부문 특별 고문입니다. 열 살 때부터 SNS와 방송을 통해 여자 아이와 아동 전체의 교육권에 대해 주장했습니다. 그 과정에서 탈레반의 반감을 사게 되어 총격을 받기도 했지만 굴하지 않고 활동을 이어나갔습니다. 2013년 UN 연설에서 "한 명의 아이, 한 명의 선생님, 한 권의 책, 한 개의 펜이 세상을 바꿀 수 있다"는 말로 아동 교육의 필요성을 세상에 알렸습니다. 아동 교육을 위해 노력한 공을 인정받아 2014년 17세의 나이에 노벨평화상을 수상했습니다. 오늘의 명언은 아동에게 교육이 얼마나 중요한지를 잘 알려줍니다.

생각해 보기

여러분은 교육이 중요한 이유가 무엇이라 생각하나요?

Example is not the main thing in influencing others. It is the only thing.

모범을 보이는 것은 남에게 영향을 줄 수 있는 유일한 방법이다.

_알버트 슈바이처(Albert Schweitzer, 1875~1965)

Step 1 핵심 포인트

example 모범, 예   **main** 주된   **influence** 영향   **the only thing** 유일한 것

others는 '**다른 사람(것)들**'로 해석합니다.

> ※ 자주 쓰이는 구문
> some (명사) ~ , others ~   어떤 사람(것)은~, 다른 사람(것)은~

예 **Some** rabbits are white and **others** are black.

어떤 토끼는 하얗고 다른 것들은 까맣다.

Step 2 문장 해석

Example is not / the main thing / in influencing **others**. / It is the only thing.

모범은 ~이 아니다 / 주된 것 / 다른 사람에게 영향을 주는 / 이것은 유일한 것이다.

→ 모범은 다른 사람에게 영향을 주는 주된 것이 아니다. 그것은 유일한 것이다.

Step 3

낭독 & 필사하기

명언을 큰 소리로 여러 번 읽어보고 필사하면서 되새겨 보세요.

_____

_____

_____

Step 4

인물 & 명언 살펴보기

슈바이처는 프랑스의 의사, 철학 박사, 신학 박사입니다. 슈바이처는 의사가 없어 고통 받고 있는 아프리카의 참혹한 현실을 알고 의사가 되기로 결심합니다. 의학 박사 학위를 받은 슈바이처는 아프리카 가봉에서 원주민들을 위한 봉사 활동을 시작했습니다. 60년 동안 아프리카에서 병들고 가난한 이들을 돌본 슈바이처는 1952년 노벨 평화상을 수상했습니다. 오늘의 명언은 다른 누군가를 움직이게 하는 힘은 말보다 행동임을 알려줍니다.

생각해 보기 여러분은 남에게 모범이 되는 행동 한 적이 있나요? 어떤 행동이었나요?

Life has no limitations,
except the ones you make.

인생에 한계는 없다. 당신이 만드는 것 외에는.

_레스 브라운(Les Brown, 1945~　)

Step 1 핵심 포인트

limitation 한계　one (정해지지 않은) 사람, 사물

---

except는 '~을 제외하고는(~외에는)'으로 해석합니다.

예 We study every day **except** Sunday. 우리는 일요일을 제외하고 매일 공부한다.

Every student is ready **except** you. 너를 제외한 모든 학생들은 준비됐다.

Step 2 문장 해석

Life / has no limitations, / **except** / <u>the ones</u> <u>you make.</u>

인생은 / 한계를 가지고 있지 않다 / ~외에는 / 네가 만드는 것

→ **인생은 한계가 없다. 네가 만드는 것 외에는**

Step 3 낭독 & 필사하기

명언을 큰 소리로 여러 번 읽어보고 필사하면서 되새겨 보세요.

_____

_____

_____

Step 4 인물 & 명언 살펴보기

레스 브라운은 미국의 동기부여 강연자입니다. 어릴 적 저소득층 집안의 쌍둥이로 태어나 독신 여성에게 입양되었으며 학창시절 공부를 잘하지 못했습니다. 하지만 고등학교 졸업 후 꾸준히 자기계발을 한 끝에 《나의 승리 전에 끝이란 없다》의 저자이자 사람들의 잠재력을 끌어내는 동기부여 강연자로 백만장자가 됩니다. 오늘의 명언은 한계를 설정하는 대신 자신을 믿고 노력한다면 그 어떤 것도 성취할 수 있다는 의미입니다. 고통과 고난의 연속이었던 유년시절을 극복하고 동기부연 강연자로 큰 성공을 이룬 레스 브라운의 삶처럼 말입니다.

> **생각해 보기**
>
> 여러분은 주어진 환경과 마음가짐 중 무엇이 더 중요하다고 생각하나요?

Adventure is worthwhile in itself.

모험은 그 자체만으로도 해볼 만한 가치가 있다.

_아멜리아 에어하트(Amelia Mary Earhart, 1897~1937)

 Step 1 핵심 포인트

adventure 모험　in itself 그것 자체(본질적으로)

----

be worthwhile은 '**가치가 있다**'로 해석합니다.

예 Helping others **are worthwhile**. 다른 사람들을 돕는 것은 가치가 있다.

　　It **is worthwhile** to watch this movie. 이 영화를 보는 것은 가치가 있다.

 Step 2 문장 해석

Adventure / **is worthwhile** / in itself.

모험은 / 가치가 있다 / 그 자체로

→ **모험은 그 자체로 가치가 있다.**

Step 3 낭독 & 필사하기

명언을 큰 소리로 여러 번 읽어보고 필사하면서 되새겨 보세요.

_____

_____

_____

Step 4 인물 & 명언 살펴보기

아멜리아 에어하트는 미국의 비행사입니다. 여성은 비행가 조종사가 될 수 없다는 당대의 편견과 제약에 굴하지 않고 도전을 이어간 에어하트는 여성 최초로 대서양을 건너며 '하늘의 퍼스트 레이디'라는 별명을 얻게 됩니다. 하지만 안타깝게도 세계 일주 비행에 도전하던 중 남태평양 상공에서 실종되어 바다의 별이 되고 맙니다. 오늘의 명언은 아멜리아의 도전 정신을 보여주는 것으로 모험은 그 자체만으로 충분한 가치가 있음을 알려줍니다.

> 생각해
> 보기
>
> 여러분은 어떤 모험을 하고 싶나요?

Life itself is the most wonderful fairy tale.

인생 그 자체가 가장 훌륭한 동화다.

_한스 크리스티안 안데르센(Hans Christian Andersen, 1805~1875)

Step 1 핵심 포인트

life 인생 (the) most 가장 wonderful 멋진, 훌륭한 fairy tale 동화

itself는 '**그 자체**'로 해석합니다. '**~자체(~자신)**'로 해석하는 단어는 아래 표와 같습니다.

myself	yourself	herself	himself	themselves	ourselves
나 자신	너 자신	그녀 자신	그 자신	그들 자신	우리 자신

예 Love **yourself**. 너 자신을 사랑하라.

I wrote a letter to **myself**. 나는 나 자신에게 편지를 썼다.

문장 해석

Life **itself** / is / the most wonderful fairy tale.

인생은 그 자체로 / ~이다 / 가장 훌륭한 동화

→ 인생은 그 자체로 가장 훌륭한 동화다.

Step
3
낭독 & 필사하기

명언을 큰 소리로 여러 번 읽어보고 필사하면서 되새겨 보세요.

_____

_____

_____

Step
4
인물 & 명언 살펴보기

안데르센은 덴마크의 동화작가이자 소설가입니다. 어린이를 위한 동화가 없던 시절 《엄지공주》《인어공주》《벌거벗은 임금님》《성냥팔이 소녀》《미운 오리 새끼》와 같은 창작동화를 출간하며 큰 명성을 얻었습니다. 오늘의 명언은 삶 자체가 가장 멋진 이야기라는 뜻입니다. 실제로 안데르센은 자신이 경험한 고난과 어려움이 축복이었다고 말했습니다. 그는 자신이 가난했기 때문에 《성냥팔이 소녀》를 쓸 수 있었고 못생겼기 때문에 《미운 오리 새끼》를 쓸 수 있었다고 말했습니다. 역경을 딛고 수많은 역작을 남기며 '동화계의 아버지'가 된 그의 인생이야말로 진정한 동화가 아니었을까요?

생각해
보기

여러분이 작가가 된다면 자신의 어떤 부분을 활용하여 글을 쓰고 싶나요?

Heaven helps those who help themselves.

하늘은 스스로 돕는 자를 돕는다.

_벤자민 프랭클린(Benjamin Franklin, 1706~1790)

 핵심 포인트

heaven 하늘 help 돕다 themselves 그들 자신

those who는 '**~한 사람들**'로 해석합니다.
예 All **those who** agree, say "Yes". 동의하는 모든 사람들은 "네"라고 말하세요.
Good things come to **those who** wait. 참는 자에게 복이 있다.

Step 2 문장 해석

Heaven helps / <u>**those who** help themselves</u>.

하늘은 돕는다 / (그들) 스스로를 돕는 사람들을

→ 하늘은 (그들) 스스로를 돕는 사람들을 돕는다.

144

낭독 & 필사하기

명언을 큰 소리로 여러 번 읽어보고 필사하면서 되새겨 보세요.

_____

_____

_____

인물 & 명언 살펴보기

벤자민 프랭클린은 미국의 과학자이자, 정치가이며, 작가이기도 합니다. 초등학교를 1년밖에 다니지 못했지만 끊임없는 노력으로 피뢰침을 발명하고 〈독립선언서〉 기초위원으로 참여하는 등 다양한 분야에서 활약했습니다. 오늘의 명언은 하늘은 스스로 노력하는 사람을 성공하게 만들어 준다는 의미를 담고 있습니다. 이는 개인이 어떤 일을 하기 위해 최선을 다해 노력할 때 주변 상황이 그 사람의 성공을 돕는 방향으로 움직인다는 의미입니다.

생각해
보기

어떤 일을 이루기 위해 노력했더니 행운이 따라왔던 경험이 있나요?

CANADA

QUEBEC

atlantic ocean

CORDILLERAS

HUDSON BAY

Hockey

TORONTO

MONTHREAL

VANCOUVER

OTTAWA IS THE CAPITAL OF CANADA

GREAT LAKES

LAKE SUPERIOR

LAKE HURON

LAKE ONTARIO

LAKE ERIE

MAPLE SYRUP

Niagara Falls

화폐 속 위인과의 만남 3 캐나다

화폐에는 한 나라의 역사와 문화를 빛낸 위인들이나 상징물이 새겨져 있습니다. 이번 시간에는 캐나다의 화폐를 통해 캐나다를 대표하는 상징적 인물과 요소들에 대해 알아봅시다.

윌프리드 로리에

나는 캐나다의 일곱 번째 총리인 윌프리드 로리에야. 나는 1891년부터 1911년까지 20년에 걸쳐 총리직을 수행했어. 캐나다의 역사가 200년이 채 되지 않은 것을 감안한다면 참 오랫동안 일한 거지. 나는 이 기간에 경제를 발전시켰고 영국과의 관계를 우호적으로 만들기 위해 관세 특혜 등을 주며 노력했어. 또 미국과의 국경 문제를 해결하는 데도 큰 역할을 했지. 하하, 내가 자랑이 너무 심했지?

지금부터는 5달러에 대해 설명해줄게! 5달러 앞면에는 나 말고도 캐나다 국회의사당 모습이 함께 그려져 있어. 참 멋있지! 뒷면에는 '크리스해드필드'라는 우주 비행사와 'CANADARM2'라는 우주 정거장의 모습이 나와 있어. 캐나다가 우주 과학에도 관심이 많다는 걸 지폐를 보면 바로 알 수 있을 거야!

존 맥도널드

안녕? 나는 캐나다 최초의 총리였던 존 맥도널드야. 1867년에 캐나다가 독립한 이후부터 총리직을 수행했지. 캐나다 사람들은 내가 한 많은 일들 가운데 캐나다의 동서부를 연결하는 철도를 건설한 것을 많이 칭찬해줬어. 아마도 이 업적 덕분에 내가 캐나다 10달러 화폐의 주인공이 될 수 있었던 것 같아.

그럼 이제 10달러에 대해 소개할게. 내 옆에는 캐나다의 국회도서관이 있고 뒷면에는 캐나다 기차와 로키산맥 철도 지도가 있어. 아, 소개하는 김에 캐나다를 이해하는 데 꼭 필요한 동전 2개도 함께 소개할게. 1센트에는 캐나다의 상징인 메이플리프(단풍잎)가 새겨져 있어. 너희들이 먹는 메이플 시럽의 대부분이 우리나라에서 생산돼! 그리고 캐나다를 대표하는 동물은 5센트에 들어 있는 비버야. 무척 귀엽지? 비버는 '인내'를 상징해. 비버에 대한 사랑은 Hurons라는 캐나다 원주민으로부터 시작했다고 전해져. 어때? 이제 캐나다에 대해 조금은 더 잘 알겠지?

Lincoln

They say that time changes things, but you actually have to change them yourself.

Andy Warhol

A person who never made a mistake never tried anything new.

Einstein

Government of the people, by the people, for the people shall not perish from the Earth.

국민의, 국민에 의한, 국민을 위한 정부는 이 지상에서 결코 사라지지 않을 것입니다.

PART
4

Day 61 - Day 80

The only thing we have to fear is fear itself.

우리가 진정 두려워해야 할 것은 두려움 그 자체다.

_프랭클린 루즈벨트(Franklin Delano Roosevelt, 1933~1945)

핵심 포인트

fear 두려움 itself 그 자체

※ fear의 다양한 뜻

① **두려움** 예 There is no fear. 두려움이 없다.

② **두려워하다** 예 She doesn't fear death. 그녀는 죽음을 두려워하지 않는다.

③ **~을 걱정하다** 예 I fear that she will not come. 나는 그녀가 오지 않을까봐 걱정이다.

(the) only는 '**유일한**'으로 해석하며 다양한 단어와 함께 사용합니다.

예 **The only thing** I like is traveling. 내가 좋아하는 유일한 것은 여행이다.

I am not **the only one**. 내가 유일한 사람이 아니다.

The only hope for me is you. 나에게 유일한 희망은 너야.

문장 해석

The only thing / we have to fear / is fear itself.

유일한 것 / 우리가 두려워해야 한다 / 두려움 그 자체다.

→ **우리가 두려워해야 하는 유일한 것은 두려움 그 자체다.**

Step
3 **낭독 & 필사하기**

명언을 큰 소리로 여러 번 읽어보고 필사하면서 되새겨 보세요.

_____

_____

_____

Step
4 **인물 & 명언 살펴보기**

루즈벨트는 미국의 대통령입니다. 그는 소아마비로 몸이 불편했지만 뛰어난 정치력으로 신체적 한계를 극복하며 네 번이나 미국 대통령에 당선되었습니다. 2차 세계대전에 참전하여 연합군의 승리를 이끌었으며 미국이 대공황으로 경제적 어려움을 겪을 때 뉴딜 정책(국가가 시장 경제에 적극적으로 개입하는 것)을 실시하여 미국의 경제 부흥을 이끌었습니다. 오늘의 명언은 루즈벨트가 1993년 대통령 취임에서 했던 연설사로 우리가 가장 경계해야 할 것은 상황이 아닌 두려움 그 자체임을 말하고 있습니다.

**생각해
보기** 최근 가장 두려웠던 일은 무엇이었나요? 그 두려운 감정을 없애려면 어떻게 해야 할까요?

Those who can imagine anything can create the impossible.

무엇이든 상상할 수 있는 사람은 불가능한 것을 창조할 수 있다.

_앨런 튜링(Alan Turing, 1912~1954)

 핵심 포인트

those 사람들   imagine 상상하다   create 창조하다   impossible 불가능한

anything는 '**무엇이든**'으로 해석합니다. 영어에는 '**-thing**'으로 끝나는 다양한 단어들이 있습니다.

everything	anything	something	nothing
모든 것	무엇이든	어떤 것	아무것도 아닌 것

예 **Everything** is possible. 모든 것은 가능하다.
Please tell me **anything**. 무엇이든 나에게 말해주세요.

문장 해석

Those / who can imagine **anything** / can create the impossible.

사람들 / 무엇이든 상상할 수 있는 / 불가능한 것을 창조할 수 있다.

→ **무엇이든 상상할 수 있는 사람들은 불가능한 것을 창조할 수 있다.**

낭독 & 필사하기

명언을 큰 소리로 여러 번 읽어보고 필사하면서 되새겨 보세요.

_____

_____

_____

인물 & 명언 살펴보기

앨런 튜링은 영국의 수학자이자 컴퓨터 공학자입니다. 수학에 뛰어났던 튜링은 컴퓨터 이론의 기초가 되는 '튜링 기계'를 만들었습니다. 또한 2차 세계대전 당시 독일의 암호 기계였던 에니그마를 해독하여 독일군의 공격으로부터 많은 사람들의 생명을 살렸습니다. 튜링은 '컴퓨터 과학의 아버지'이자 '2차 세계대전의 영웅'으로 활약한 공로를 인정받아 영국의 새 50파운드 지폐의 초상 인물로 선정되기도 했습니다. 오늘의 명언은 불가능해 보이는 일도 끊임없이 생각하고 노력하면 결국에는 그 일을 해낼 수 있다는 의미를 담고 있습니다.

생각해
보기

불가능한 일에 도전하기 위해서는 어떤 마음을 가져야 할까요?

Nothing is art
if it does not come from nature.

자연에서 나오지 않았다면 예술이 아니다.

_안토니 가우디(Antoni Gaudi, 1852~1926)

Step 1 핵심 포인트

art 예술 if 만약 ~한다면 nature 자연 come from ~에서 나오다

일반 동사를 부정하기 위해서 **do not**(=don't)이나 **does not**(=doesn't)을 사용합니다.

| I / You / We / They | do not(=don't) |
| He / She | does not(=doesn't) |

예 She **does not**(=doesn't) like me. 그녀는 나를 좋아하지 않는다.

They **does not**(=doesn't) hate me. 그들은 나를 싫어하지 않는다.

문장 해석

Nothing is art / if / it **does not** come from nature.

아무것도 예술이 아니다 / 만약 ~한다면 / 그것이 자연으로부터 나오지 않다

→ **그것이 자연에서 나오지 않았다면 예술이 아니다.**

Step
3
낭독 & 필사하기

명언을 큰 소리로 여러 번 읽어보고 필사하면서 되새겨 보세요.

_____

_____

_____

Step
4
인물 & 명언 살펴보기

가우디는 스페인의 건축가입니다. 자연에 영감을 받아 곡선과 화려한 색상을 과감히 사용하여 건축한 것으로 유명합니다. 초반에는 주변 건축가들에게 특이한 건축물로 많은 비판을 받기도 했지만 사그라다 파밀리아 성당이나 구엘 공원 같은 역작을 만들어내며 현재까지도 많은 사람들에게 감동을 주고 있습니다. 오늘의 명언은 신의 창조물인 자연에서 비롯되지 않은 것은 예술로 볼 수 없다는 가우디의 건축 철학을 명확하게 보여주고 있습니다.

생각해
보기

자연을 활용하여 발명품을 만든다면 여러분은 어떤 발명품을 만들어 보고 싶나요?

Anything is possible
if you've got enough nerve.

충분한 용기가 있다면 무엇이든 가능하다.

_조앤 롤링(Joanne Rowling, 1965~   )

 핵심 포인트

anything 무엇이든   possible 가능한   if 만일 ~라면   nerve 신경, 용기

'**have got**'은 가지고 있다(have)로 해석하며 '일상적인 대화'에서 '소유와 병명'을 말할 때 사용합니다.

① **소유의 의미를 말할 때**

I <u>has got</u> a new bike. 나는 새 자전거 가지고 있다.

He <u>has got</u> a dog. 그는 개를 가지고 있다.

② **병명이나 증상을 말할 때**

She <u>has got</u> a cold. 그녀는 감기에 걸렸다.

He <u>has got</u> a pain. 그는 통증이 있다.

※ have got은 줄여서 사용할 수 있습니다.

I have got = I've got / He has got = He's got

You have = You've got / She has got = She's got

Step 2 문장 해석

Anything is possible / if you**'ve got** / enough nerve.

무엇이든 가능하다 / 만약 네가 ~을 가지고 있다면 / 충분한 용기

→ **만약 네가 충분한 용기를 가지고 있다면 무엇이든 가능하다.**

Step 3 낭독 & 필사하기

명언을 큰 소리로 여러 번 읽어보고 필사하면서 되새겨 보세요.

_____

_____

_____

Step 4 인물 & 명언 살펴보기

조앤 롤링은 전 세계에서 《성경》 다음으로 가장 많이 팔린 책인 《해리포터》 시리즈를 쓴 영국의 작가입니다. 《해리포터》 시리즈는 한 소년 마법사가 영웅으로 성장해 가는 성장물입니다. 약 80여 개의 언어로 번역되었으며, 5억 만 부 이상이 팔려 인세 수입만 1조 원을 넘으며 영화는 9조에 달하는 흥행 수익을 올렸습니다. 조앤 롤링은 이혼, 어머님의 죽음 같은 고통의 시간을 견디며 작품 활동에 매진한 결과 이와 같은 대성공을 거두었습니다. 오늘의 명언은 어려운 상황에서도 꿈을 잃지 않았던 조엘 롤링이 용기만 있다면 무엇이든 가능하다는 이야기를 전하는 듯합니다.

> **생각해 보기** 조앤 롤링 작가의 삶을 돌이켜 봤을 때 왜 용기가 있다면 무엇이든 가능하다고 말했을까요?

A person who never made a mistake never tried anything new.

실수한 적이 없는 사람은 새로운 것을 시도해 보지 않은 사람이다.

_알버트 아인슈타인(Albert Einstein, 1879~1955)

 핵심 포인트

never 결코~않다   try 시도하다   make a mistake 실수를 하다

사람 명사 뒤에 **who**는 앞에 있는 사람을 더욱 자세히 설명해 줍니다.

예 <u>A child</u> <u>who reads a book</u> is smart. 책을 읽는 아이는 똑똑하다.
　　사람명사

　　I like <u>the girl</u> <u>who is kind</u>. 나는 그 착한 소녀가 좋다.
　　　　　사람명사

 문장 해석

A person / who never made a mistake / never tried / anything new.

사람 / 절대 실수하지 않는 / 결코 시도하지 않다 / 새로운 것

→ 절대 실수하지 않는 사람은 결코 새로운 것을 시도해 보지 않은(사람) 이다.

158

명언을 큰 소리로 여러 번 읽어보고 필사하면서 되새겨 보세요.

_____

_____

_____

Step 4 인물 & 명언 살펴보기

아인슈타인은 독일 한 시골 마을의 유대인 집안에서 태어난 과학자입니다. 시간과 공간은 관찰하는 사람에 따라 달라진다는 '상대성 이론'을 발견하였고 1921년에는 노벨물리학상을 받았습니다. 하지만 자신이 발견한 상대성 이론으로 핵무기가 만들어지고 이로 인해 수많은 사람이 죽게 되자 핵무기 사용 금지 운동 및 평화 정책을 마련하는 데 앞장섰습니다. 오늘의 명언은 실수를 두려워하지 말고 새로운 것을 시도하라는 의미입니다.

생각해 보기

여러분은 실수를 통해서 무언가 새로운 것을 배운 적이 있나요?

Ninety-nine percent of the failures come from people who have the habit of making excuses.

실패의 99%는 변명을 늘어놓는 습관을 가진 사람들에게서 생긴다.

_조지 워싱턴 카버(George Washington Carver, 1860~1943)

핵심 포인트

ninety-nine 99 failure 실패 habit 습관 make an excuse 변명하다

come from은 '~에서 생겨나다' 또는 '~출신이다'로 해석합니다.

예 The sound **came from** the stadium. 그 소리는 경기장에서 나왔다.

She **comes from** Seoul. 그녀는 서울 출신이다.

Step 2 문장 해석

Ninety-nine percent of the failures / **come from** / people who have the habit of making excuses.

실패의 99퍼센트는 / ~에서 생긴다 / 변명하는 습관을 가지고 있는 사람들

→ 실패의 99퍼센트는 변명하는 습관을 가지고 있는 사람들에게서 생겨난다.

낭독 & 필사하기

명언을 큰 소리로 여러 번 읽어보고 필사하면서 되새겨 보세요.

_____

_____

_____

인물 & 명언 살펴보기

조지 워싱턴 카버는 미국의 농화학자이자 농업경제학자, 식물학자입니다. 노예 해방 직후 흑인에게 배움의 문이 아직 열려 있지 않았던 시대에 차별과 편견에 맞섰습니다. 그 결과 아이오와 농과대학에 진학하여 식물학을 전공하게 됩니다. 졸업 후 가난으로 고생하는 남부 흑인들을 위해 연구에 매진한 끝에 땅콩 개량에 성공합니다. 땅콩 외에도 땅콩버터, 페인트, 물감 등을 개발하여 남부 흑인들을 포함한 남부 경제 전체에 크게 기여했습니다. 부와 명성과 얻은 뒤에도 늘 겸손하고 검소하게 생활하였으며 사후에도 전 재산을 기부하며 선한 영향력을 행사했습니다. 오늘의 명언은 변명하는 습관을 가진 사람은 실패할 수밖에 없다는 의미를 담고 있습니다.

> **생각해
> 보기**
>
> 변명이 나쁜 이유는 무엇이라고 생각하나요?

Government of the people, by the people, for the people shall not perish from the Earth.

국민의, 국민에 의한, 국민을 위한 정부는 이 지상에서 결코 사라지지 않을 것입니다.

_에이브러햄 링컨(Abraham Lincoln, 1809~1865)

 핵심 포인트

government 정부 **shall not** ~해서는 안 된다 **perish** 죽다, 사라지다

of는 '~의' **for**는 '~를 위한' **by**는 '~에 의한'으로 해석하며 앞의 명사를 자세히 설명합니다.

예 Anna is a queen **of** Arendell. 안나는 아렌델**의** 여왕이다.

This is a picture **by** students. 이것은 학생들**에 의한** 그림이다.

I bought a gift **for** father. 나는 아빠**를 위한** 선물을 샀다.

문장 해석

Government / **of the people, / by the people, / for the people** / shall

not perish / from the Earth.

정부 / 국민의 / 국민에 의한 / 국민을 위한 / 사라지지 않아야 한다 / 지구상으로부터

→ 국민의, 국민에 의한, 국민을 위한 정부는 지구상으로부터 사라지지 않아야 한다.

낭독 & 필사하기

명언을 큰 소리로 여러 번 읽어보고 필사하면서 되새겨 보세요.

_____

_____

_____

인물 & 명언 살펴보기

링컨은 미국의 16대 대통령입니다. 그는 모든 사람이 자유롭고 평등해야 한다는 생각으로 노예제를 폐지하였습니다. 노예제를 찬성하는 남부와의 마찰로 시작된 남북전쟁에서 링컨의 북부 연합군은 게티즈버그 전투에서 승리를 거두었습니다. 오늘의 명언은 게티즈버그 전투 후에 병사들을 위한 추도식에서 링컨이 했던 연설 중 가장 유명한 구절입니다. 2분간의 짧은 연설이었지만 이 연설은 국가의 주인이 국민이고 국민을 위해 정치를 해야 한다는 '민주주의'의 의미를 가장 잘 표현한 명언으로 전해지고 있습니다.

생각해
보기

국가의 주인이 국민이어야 하는 이유는 무엇일까요?

A wise man will make more opportunities than he finds.

현명한 사라면 찾아낸 기회보다 더 많은 기회를 만들 것이다.

_프랜시스 베이컨(Francis Bacon, 1561~1626)

핵심 포인트

wise 현명한   opportunity 기회   find 찾다, 발견하다

---

will은 '**~일 것이다**' 또는 '**~할 것이다**'로 해석합니다. **미래**(앞으로 일어날 일)나 무언가를 하려는 **의지**를 나타내기 위해 사용합니다.

예 We play tennis. 우리는 테니스를 친다.

 미래

We **will** play tennis. 우리는 테니스를 칠 것이다.

문장 해석

A wise man / **will** make / more opportunities / than he finds.

현명한 사람은 / 만들 것이다 / 더 많은 기회들을 / 그가 찾은 것보다

→ 현명한 사람들은 그가 찾아낸 것보다 더 많은 기회를 만들 것이다.

Step 3 낭독 & 필사하기

명언을 큰 소리로 여러 번 읽어보고 필사하면서 되새겨 보세요.

_____

_____

_____

Step 4 인물 & 명언 살펴보기

프랜시스 베이컨은 "아는 것이 힘이다"라는 말로 유명한 영국의 철학자이자 정치인입니다. 열두 살에 케임브리지 대학에서 기독교 교리를 연구하는 학문인 스콜라 철학을 공부했으나 스콜라 철학에 한계를 느껴 새로운 학문을 연구했습니다. 오랜 연구 끝에 관찰과 실험으로 원리와 법칙을 발견하는 새로운 증명법인 경험주의 철학을 확립했습니다. 오늘의 명언은 기회를 기다리기보다 자신의 삶을 변화시킬 기회를 스스로 만드는 것이 중요하다는 의미입니다.

> **생각해 보기** 적극적인 행동으로 좋은 기회를 만들어본 경험이 있나요?

Day 69

관련 교과 [사회 5-2] 1. 옛사람들의 삶과 문화 ★ ★ ☆

What proceeds from you will return to you again.

너에게서 나온 것이 너에게로 돌아간다.

_맹자(Mencius, 기원전 372~기원전 289)

핵심 포인트

proceed 나아가다 return 돌아오다 what ~것 again 다시

---

from은 '**~부터**'라는 뜻이며 **to**는 '**~(쪽)으로**'라는 의미입니다.

예 It started **from** London. 그것은 영국에서부터 시작했다.

She walked **to** school. 그녀는 학교 쪽으로 걸어갔다.

※ 자주 쓰이는 구문

from A to B A부터 B까지

예 She can walk from home to school.
그녀는 집부터 학교까지 걸어갈 수 있다.

문장 해석

What proceeds **from** you / will return / **to** you again.

너로부터 나온 것이 / 돌아올 것이다 / 다시 너에게

→ **너로부터 나온 것이 네게 다시 돌아올 것이다.**

낭독 & 필사하기

명언을 큰 소리로 여러 번 읽어보고 필사하면서 되새겨 보세요.

_____

_____

_____

인물 & 명언 살펴보기

맹자는 춘추전국시대의 사람입니다. 어릴 때 아버지를 여의고 어머니와 살았는데, 맹자의 교육을 위해 세 번이나 이사했다는 고사(맹모삼천지교)가 전해질 만큼 맹자의 어머니는 교육에 관심이 많았습니다. 오늘의 명언은 맹자의 책에 '출호이자, 반호이자야(出乎爾者, 反乎爾者也)'로 기록되어 있습니다. 추나라 군주가 맹자에게 "백성들이 전쟁에서 관료들을 돕지 않은 것을 어찌하면 좋을까요?"라고 묻자 맹자는 "곳간에 음식이 가득함에도 군주님이 흉년에 백성들을 돕지 않았기 때문이지요."라고 답했습니다. 군주가 백성들을 돕지 않기 때문에 백성들도 관료들을 돕지 않았던 것입니다. 오늘의 명언은 '뿌린 대로 거둔다'는 속담처럼 모든 일은 나로부터 시작된다는 의미입니다.

> **생각해
> 보기**   다른 사람에게 했던 행동들이 다시 나에게 돌아온 경험이 있나요?

If you know your enemies and know yourself, you will not be imperiled in a hundred battles.

적을 알고 나를 알면 백 번 싸워도 위태롭지 않다.

_손무(Sun Tzu, 기원전 544 ~ 기원전 469)

Step 1 핵심 포인트

enemy 적   yourself 너 자신   be imperiled 위태롭다   battle 전투

will 뒤에 **not**이 붙으면 '**~않을 것이다**'로 해석하며 will not은 **won't** 로 줄여 쓸 수 있습니다.

예 I will go there. ↔ I **will not**(= won't) go there.

나는 그곳에 갈 것이다. 나는 그곳에 가지 않을 것이다.

Step 2 문장 해석

If / you know your enemies / and know yourself / you **will not** be imperiled / in a hundred battles.

만약 ~라면 / 너는 너의 적들을 안다 / 그리고 너 자신을 안다 / 너는 위태롭지 않을 것이다 / 백 번의 전투에서

→ 네가 네 적들을 알고 너 자신을 안다면 너는 백 번의 전투에서 위태롭지 않을 것이다.

Step 3 낭독 & 필사하기

명언을 큰 소리로 여러 번 읽어보고 필사하면서 되새겨 보세요.

_____

_____

_____

Step 4 인물 & 명언 살펴보기

손자라고도 불리는 손무는 중국 춘추전국시대 사람으로 《손자병법》을 썼습니다. 《손자병법》은 전쟁의 기술을 알려주는 책이지만 그 속에 인간관계에서 승리하는 지혜를 담고 있어 지금까지도 많은 사랑을 받고 있습니다. 오늘의 명언은 《손자병법》에 "지피지기 백전불태(知彼知己 百戰不殆)"로 기록되어 있습니다. 이 명언은 적에 대해 충분히 알고 나에 대해서도 충분히 알고 있다면 전쟁에서 쉽게 지지 않는다는 의미입니다.

생각해보기

자신의 장점과 단점을 두 가지씩 적어 봅시다.

Don't think money does everything or you are going to end up doing everything for money.

돈이 모든 것을 한다고 생각하지 마라. 그렇지 않으면 당신은 결국 돈 때문에 모든 것을 하게 될 것이다.

_볼테르(Voltaire, 1694~1778)

 핵심 포인트

everything 모든 것 end up ~ing 결국 ~하게 되다 for ~때문에

be going to + 동사(원형)은 '**~할 예정이다(~할 것이다)**'는 의미로 '**계획**' 또는 '**예측**'할 때 사용합니다.

예 I **am going to** study English. 나는 영어를 공부할 예정입니다. 계획

It **is going to** rain tomorrow. 내일 비가 내일 예정이야. 예측

※ will과 be going to **동사의 차이점**

will : 예정에 없던 미래

예 A: My computer is broken. 내 컴퓨터가 고장 났어.
B: I will fix it. 내가 고쳐 줄게.

be going to : 계획한 미래

예 I'm going to meet her. 나는 그녀를 만날 예정입니다.

문장 해석

Don't think /money does everything /or /you **are going to** /end up doing everything /for money.

생각하지 마라 / 돈이 모든 것을 한다 / 그렇지 않으면 / 당신은 ~할 것이다 / 결국 모든 것을 하게 되다 / 돈 때문에

→ 돈이 모든 것을 한다고 생각하지 마라. 그렇지 않으면 당신은 결국 돈 때문에 모든 것을 하게 될 것이다.

낭독 & 필사하기

명언을 큰 소리로 여러 번 읽어보고 필사하면서 되새겨 보세요.

_____

_____

_____

인물 & 명언 살펴보기

볼테르는 18세기 프랑스의 계몽주의 시대를 대표하는 인물입니다. 철학과 역사, 문학에 능통했으며 다양한 저서를 남겼습니다. 볼테르는 어느 날 귀족과 언쟁을 했는데 귀족에게 대들었다는 이유로 감옥에 수감됩니다. 이 사건을 계기로 프랑스 사회의 불평등에 대한 문제의식을 갖기 시작했습니다. 그 후 다양한 작품에서 풍자와 해학을 통해 사회의 불평등을 거침없이 폭로했습니다. 오늘의 명언은 돈이 최고가 되면 안 된다는 의미입니다.

생각해
보기
　여러분은 돈보다 더 중요한 것이 무엇이라 생각하나요?

Everything you can imagine is real.

상상할 수 있는 모든 것은 현실이 될 수 있다.

_파블로 피카소(Pablo Ruiz Picasso, 1881~1973)

Step 1 핵심 포인트

everything 모든 것   imagine 상상하다   real 현실의, 진짜의

조동사 **can**은 '**~할 수 있다**'로 해석하며 '**가능성**' 또는 '**능력**'을 나타내기 위해 사용합니다.

예 I run fast. 나는 빨리 달린다.

 ↓ 가능성

I **can** run fast. 나는 빨리 달릴 수 있다.

※ 조동사
동사를 도와주는 단어를 조동사라고 합니다. 조동사는 동사에 새로운 의미를 추가합니다.

문장 해석

Everything / you **can** imagine / is real.

모든 것/ 네가 상상할 수 있다 / 현실이다

→ 네가 상상할 수 있는 모든 것은 현실이다.

낭독 & 필사하기

명언을 큰 소리로 여러 번 읽어보고 필사하면서 되새겨 보세요.

_____

_____

_____

인물 & 명언 살펴보기

피카소는 입체파를 대표하는 20세기의 천재 화가입니다. 스페인에서 태어났지만 프랑스 파리로 건너가 힘들고 어렵게 사는 사람들을 주인공으로 한 작품을 주로 그렸습니다. 어느 날 네모, 동그라미, 세모 등 단순한 도형들로 이루어진 그림을 보고 새로운 발상을 하게 되었고 사람의 앞, 뒤, 옆모습을 한꺼번에 그려 넣는 입체주의 최초 작품인 〈아비뇽의 처녀들〉을 그리게 됩니다. 오늘의 명언은 피카소가 상상하는 모든 것을 작품으로 표현한 것처럼 우리가 가진 모든 생각이 현실이 될 수 있다는 의미를 담고 있습니다.

**생각해
보기** 피카소의 다양한 작품들을 찾아보고 작품의 제목을 적어 보세요.

With enough courage,
you can do without a reputation.

용기만 있다면 명성 같은 것은 없어도 무엇이든 잘할 수 있다.

_마거릿 미첼(Margaret Munnerlyn Mitchell, 1900~1949)

 핵심 포인트

enough 충분한   courage 용기   reputation 명성

with는 '**~와 함께(~를 가진)**' 으로 해석하며 **without**은 '**~없이**'란 뜻입니다.

with   without

(예) I want to hang out **with** you. 나는 너와 함께 놀고 싶다.

I am not happy **without** you. 나는 너 없이 행복하지 않다.

174

문장 해석

With enough courage, / you can do / **without** a reputation.

충분한 용기와 함께 / 너는 할 수 있다 / 명성 없이도

→ **충분한 용기가 있다면 너는 명성 없이도 할 수 있다.**

낭독 & 필사하기

명언을 큰 소리로 여러 번 읽어보고 필사하면서 되새겨 보세요.

_____

_____

_____

인물 & 명언 살펴보기

마거릿 미첼은 "내일은 또 내일의 태양이 떠오른다"라는 대사로 유명한 《바람과 함께 사라지다》의 작가입니다. 남북전쟁 일화를 바탕으로 10년에 걸친 집필 끝에 《바람과 함께 사라지다》를 완성했고 전설적인 판매 부수를 기록했습니다. 책은 영화로도 제작되어 큰 성공을 거두었고 미첼은 1937년 퓰리처상을 수상했습니다. 오늘의 명언은 용기만 있다면 어떤 일도 할 수 있다는 뜻을 담고 있습니다.

> **생각해 보기**
>
> 용기 있는 행동으로 칭찬받은 경험이 있나요?

Day 74

You cannot force ideas. Successful ideas are the result of slow growth.

당신은 아이디어를 강요할 수 없다. 성공적인 아이디어는 느린 성장의 결과이다.

_알렉산더 그레이엄 벨(Alexander Graham Bell, 1847~1922)

 Step 1 핵심 포인트

force 강요하다 successful 성공적인 result 결과 growth 성장

---

can 뒤에 **not**이 오면 '**~(할) 수 없다**'로 해석하며 cannot은 can't로 줄여 쓸 수 있습니다.

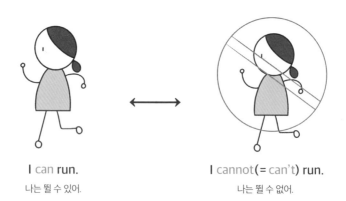

I can run.
나는 뛸 수 있어.

I cannot(= can't) run.
나는 뛸 수 없어.

Step 2 문장 해석

You **cannot** force ideas. / Successful ideas are / the result of slow growth.

당신은 아이디어를 강요할 수 없다 / 성공적인 아이디어는 ~이다 / 느린 성장의 결과

→ **당신은 아이디어를 강요할 수 없다. 성공적인 아이디어는 느린 성장의 결과다.**

Step 3 낭독 & 필사하기

명언을 큰 소리로 여러 번 읽어보고 필사하면서 되새겨 보세요.

_____

_____

_____

Step 4 인물 & 명언 살펴보기

알렉산더 벨은 미국의 발명가이자 과학자입니다. 1876년 벨은 토마스 왓슨과 함께 전화기 특허를 받고 '벨 전화회사'를 설립합니다. 또한 부모님의 영향으로 청각 장애인들에 대한 관심이 많았던 그는 전화기를 발명해 받은 상금으로 볼타 연구소를 세워 농아들의 교육을 위해 애썼습니다. 벨이 최초로 전화기를 개발했는지에 대해서는 의견이 엇갈리지만 그가 꾸준히 발명과 연구를 하고 사회적 약자를 위해 노력한 것은 분명합니다. 오늘의 명언은 발명을 위해 평생을 노력한 벨처럼 성공적인 아이디어를 내기 위해서는 꾸준히 노력하는 것이 중요하다는 것을 알려주고 있습니다.

> 생각해
> 보기
>
> 벨처럼 꾸준히 노력했더니 좋은 아이디어가 떠오른 경험이 있나요?

Knowing is not enough, we must apply. Willing is not enough, we must do.

아는 것만으로는 충분하지 않다. 반드시 적용해야만 한다. 의지만으로 충분하지 않다. 반드시 실행해야 한다.

_요한 볼프강 폰 괴테(Johann Wolfgang von Goethe, 1749~1832)

 핵심 포인트

knowing 아는 것 enough 충분한 apply 적용하다 willing 의지

조동사 **must**는 '(반드시) **~해야 한다**'로 해석하며 '**강한 의무**'를 나타냅니다.

예 You <u>go</u> to school. 너는 학교에 간다.

↓ 강한 의무

You **must** <u>go</u> to school. 너는 학교에 가야만 한다.

※ 조동사 should

should는 '~하는 게 좋겠다(~해야 한다)'는 뜻으로 '충고'를 나타낼 때 사용합니다.

예 You should go to bed early. 너는 일찍 잠을 자는 게 좋겠다.

문장 해석

Knowing is not enough, / we **must** apply. / Willing is not enough, / we **must** do.

아는 것은 충분하지 않다 / 우리는 반드시 적용해야 한다. / 의지는 충분하지 않다 / 우리는 반드시 해야만 한다.

→ 아는 것으로 충분하지 않다. 우리는 반드시 적용해야 한다. 의지만으로 충분하지 않다. / 우리는 반드시 해야만 한다.

낭독 & 필사하기

명언을 큰 소리로 여러 번 읽어보고 필사하면서 되새겨 보세요.

_____

_____

_____

인물 & 명언 살펴보기

괴테는 독일 최대의 문호로 뽑히는 시인이자 극작가, 정치가였습니다. 80년이 넘는 긴 생애 동안 약혼자가 있는 여자와 이루지 못한 사랑을 소재로 《젊은 베르테르의 슬픔》 같은 베스트셀러에서 무려 60여 년에 걸쳐 집필한 희곡 《파우스트》까지 다양한 작품을 내놓았습니다. 오늘의 명언은 알고 있는 것을 행동으로 옮기는 것이 중요하다는 의미로 실천의 중요성을 강조하고 있습니다.

> **생각해
> 보기**
> 마음속에 꼭 실천하고 있는 것이 있었다면 여기에 적고 오늘 한 번 실행해 보세요.

They say that time changes things, but you actually have to change them yourself.

사람들은 시간이 사물을 변화시킨다고 하지만 사실 당신 스스로 그것들을 변화시켜야 한다.

_앤디 워홀 (Andy Warhol, 1928~1987)

 핵심 포인트

change 바꾸다   thing 사물, 물건   actually 사실은, 실제로   yourself 너 자신

have to는 '~**해야 한다**'로 해석하며 '**의무**' 또는 '**필요**'를 나타냅니다.

예 We get up. 우리는 일어난다.

↓ 의무, 필요

We **have to** get up. 우리는 일어나야 한다.

 문장 해석

They say / that time changes things, / but you actually **have to** change them / yourself.

그들은 말한다 / 시간이 사물을 변화시키다 / 그러나 너는 사실 그것들을(사물을) 변화시켜야 한다 / 너 스스로

→ 그들은 시간이 사물을 변화시킨다고 말한다. 그러나 너 스스로 그것들을(사물을) 변화시켜야 한다.

Step 3 낭독 & 필사하기

명언을 큰 소리로 여러 번 읽어보고 필사하면서 되새겨 보세요.

_____

_____

_____

Step 4 인물 & 명언 살펴보기

앤디 워홀은 팝 아트를 대표하는 미국의 화가이자 영화 제작자입니다. 그는 통조림 캔, 만화, 콜라병, 영화배우 초상 등 일상에서 흔히 접할 수 있는 것들을 작품의 소재로 사용하였습니다. 특히 똑같은 작품을 대량으로 찍어내는 실크스크린 기법으로 미술의 대중화에 기여하기도 했습니다. 오늘의 명언은 시간이 모든 것을 해결해 줄 것이라 믿고 기다리는 대신 주어진 상황을 변화시키기 위해 스스로 노력해야 한다는 의미입니다.

생각해 보기   적극적으로 문제를 해결하려고 노력하는 것이 왜 중요한가요?

The real secret of success is enthusiasm.

열정이야말로 성공의 진정한 비결이다.

_월터 크라이슬러(Walter Percy Chrysler, 1875~1940)

Step 1 핵심 포인트

real 진짜의(실제의)   secret 비밀   success 성공

---

enthusiasm은 '**열정**'이란 의미로 비슷한 뜻을 가진 단어로는 **passion**이 있습니다.

예 She spoke without **enthusiasm**. 그녀는 열정 없이 말했다.

He had a **passion** for dancing. 그는 춤에 열정을 가졌다.

Step 2 문장 해석

The real secret of success / is **enthusiasm**.

성공의 진짜 비밀은 / 열정이다

→ **성공의 진짜 비밀은 열정이다.**

낭독 & 필사하기

명언을 큰 소리로 여러 번 읽어보고 필사하면서 되새겨 보세요.

_____

_____

_____

인물 & 명언 살펴보기

월터 크라이슬러는 미국의 자동차 회사 크라이슬러의 창업자입니다. 어린 시절 기관차의 엔진을 보고 관심이 생긴 크라이슬러는 추후 자신이 직접 설계한 고압축 엔진을 특징으로 한 자동차를 만들어 큰 성공을 거뒀습니다. 1937년에는 자신의 삶을 엮은 자서전 《한 미국 노동자의 삶》을 펴내기도 했습니다. 오늘의 명언은 성공의 핵심은 열정이란 의미입니다.

생각해
보기

여러분이 최근 가장 열심히 하는 일은 무엇인가요?

If there are poor on the moon, we will go there too.

가난한 사람이 있는 곳이라면 달까지라도 찾아갈 것이다.

_마더 테레사(Mother Teresa, 1910~1997)

Step 1 핵심 포인트

there are ~이 있다 (the) poor 가난한 사람들 too 또한

if은 '(만약) **~한다면**'으로 해석하며 문장과 문장을 연결하는 접속사입니다.

예 **If** you have a question, ask the teacher. 만일 네가 질문이 있다면, 선생님에게 물어봐라.

  If there is no wind, row. 바람이 없으면, 노를 저어라.

Step 2 문장 해석

If / there are poor on the moon, / we will go there / too.

(만약) ~한다면/ 가난한 사람들이 달에 있다 / 우리는 그곳(달)에 갈 것이다 / 또한

→ **가난한 사람들이 달에 있다면, 우리는 그곳(달)에 또한 갈 것이다.**

Step 3 낭독 & 필사하기

명언을 큰 소리로 여러 번 읽어보고 필사하면서 되새겨 보세요.

Step 4 인물 & 명언 살펴보기

마더 테레사는 인도 출신의 수녀로, 어린 시절 경제적으로 어려운 상황에서도 베풂을 실천한 부모님을 보며 나누는 삶을 배웠다고 합니다. 수녀가 되기로 결심한 뒤 '사랑의 선교 수녀회'를 만들며 가난한 사람들에게 음식과 교육을 제공하고 집을 지어주는 의미 있는 일을 했습니다. 사랑의 선교 수녀회는 지금도 133개 나라에서 가난한 사람을 돌보고 있습니다. 테레사 수녀는 일생 동안 가난하고 아픈 사람을 돌본 공로를 인정받아 1979년 노벨평화상을 수상합니다. 오늘의 명언은 가난한 사람이 있다면 어디라도 찾아가 돕겠다는 의지가 담긴 말로, 약자에 대한 테레사 수녀의 진정한 사랑을 보여주고 있습니다.

생각해 보기 가난한 사람을 도울 수 있는 좋은 방법을 적어봅시다.

If I have a thousand ideas and only one turns out to be good, I am satisfied.

내게 천 가지 아이디어가 있고 그중 하나라도 쓸모 있다면, 나는 그것으로 만족한다.

_알프레드 노벨(Alfred Bernhard Nobel, 1833~1896)

 Step 1 핵심 포인트

thousand 천   only 오직   satisfied 만족하는

---

turn out to be A 는 '**A인 것으로 밝혀지다**'로 해석합니다.

> 예 It will **turn out to be** false. 그것은 거짓인 것으로 밝혀질 것이다.
>
> They **turned out to be** students. 그들은 학생인 것으로 밝혀졌다.

Step 2 문장 해석

If / I have a thousand ideas and / only one **turns out to be** good, / I am satisfied.

(만약) ~한다면 / 내가 천 개의 아이디어를 가지고 있고 / 오직 하나가 좋은 것으로 밝혀지다 / 나는 만족한다.

→ 내가 천 개의 아이디어를 가지고 있고 오직 하나만이라도 좋은 것으로 밝혀진다면, 나는 만족한다.

Step 3 낭독 & 필사하기

명언을 큰 소리로 여러 번 읽어보고 필사하면서 되새겨 보세요.

_____

_____

_____

Step 4 인물 & 명언 살펴보기

아버지의 권유로 발명가의 길에 들어선 노벨은 300개가 넘는 발명품을 만들었습니다. 그중에서도 가장 유명한 발명품은 다이너마이트라는 폭탄입니다. 다이너마이트 덕분에 공사 현장의 작업은 편해졌지만 무기로도 사용되어 많은 사람의 목숨을 빼앗아 가기도 했습니다. 자신의 발명품으로 인해 사람들이 죽어가는 모습에 큰 충격을 받은 노벨은 평생 모은 재산을 기부하기로 결심합니다. 그 덕분에 오늘날 우리가 잘 알고 있는 노벨상이 탄생하였습니다. 오늘의 명언은 여러 가지 시도 중 하나라도 좋은 결과를 낼 수 있다면 만족한다는 뜻입니다.

> **생각해 보기**
> 여러분은 어떤 좋은 아이디어를 가지고 있나요? 여러분이 가지고 있는 창의적인 아이디어에 대해 이야기해 보세요.

If I have seen further,
it is by standing on the shoulders of Giants.

만약 내가 더 멀리 보았다면, 이는 거인들의 어깨 위에 올라서 있었기 때문이다.

_아이작 뉴턴(Sir Issac Newton, 1642~1727)

 핵심 포인트

have seen 봤다 **further** 더 멀리 **stand** 서다 **giants** 거인들

by + 동사ing는 '~함으로써'로 해석합니다.

예 She improved her English **by** read**ing** many books.

그녀는 많은 책을 읽음으로써 그녀의 영어 실력을 향상시켰다.

He surprised many people **by** suggest**ing** great ideas.

그는 훌륭한 아이디어들을 제안함으로써 많은 사람들을 놀라게 했다.

 문장 해석

If I have seen further, / it is / **by** stand**ing** / on the shoulders of Giants.

내가 더 멀리 봤다면 / 그것은 ~이다 / 올라섬으로써 / 거인들의 어깨 위에

→ 내가 더 멀리 봤다면, 그것은 거인들의 어깨 위에 올라서는 것에 의해서였다.

188

낭독 & 필사하기

명언을 큰 소리로 여러 번 읽어보고 필사하면서 되새겨 보세요.

_____

_____

_____

인물 & 명언 살펴보기

뉴턴은 영국의 천문학자이자 물리학자로 사과가 떨어지는 모습을 보고 모든 물체는 서로 끌어당기는 힘이 있다는 '만유인력의 법칙'을 발견했습니다. 또한 뉴턴 역학 체계를 정리하여 근대 과학에도 크게 기여했습니다. 오늘의 명언은 어떻게 뉴턴이 위대한 과학적 업적을 남길 수 있었는지 알려줍니다. 이 명언에서 멀리 보았다는 것은 과학적인 발견을 의미하고 거인의 어깨는 이전 시대에 연구를 수행했던 훌륭한 과학자들을 의미합니다. 정리하자면, 뉴턴이 훌륭한 과학적 발견을 할 수 있었던 이유는 이전 과학자들의 연구 덕분에 가능했다는 의미로 해석할 수 있습니다.

> **생각해 보기**
>
> 위인들을 만나 한 가지 질문을 할 수 있다면 어떤 위인에게 어떤 질문을 하고 싶나요?

AUSTRALIA

DARWIN

KAKADU

CAPE YORK

GREAT BARRIER REEF

ULURU

Indian Ocean

PERT

OPERA HOUSE

CANBERRA

TASMANIA

N
S
E
W

화폐 속 위인과의 만남 4

이번 시간에 살펴볼 호주의 화폐는 다른 나라의 화폐와 다른 아주 큰 특징이 있습니다. 지폐의 앞면과 뒷면에 등장하는 인물의 성별이 다르다는 점입니다. 이는 남녀평등의 원칙을 강조하기 위한 도안이라고 합니다. 지금부터 호주의 지폐 속 위인들과 만나볼까요?

반조 패터슨 & 메리 길모어

나는 반조 패터슨이야. 글을 쓰는 사람이지. 내 글의 주제는 호주 사람들의 삶이었어. 많은 사람들에게 영감을 준 글을 쓴 결과 10달러 앞면의 주인공이 되었어. 뒷면에도 멋진 시인이 나오는데, 한 번 만나봐.

안녕? 나는 메리 길모어라고해. 나도 패터슨경처럼 글을 쓰는 사람이지. 나는 자연의 모습과 어려움을 겪고 있는 사람들을 주제로 글을 썼어. 특히, 힘든 사람들에 대한 애정을 녹여낸 작품을 쓰기 위해 노력했어. 내 부드러운 문체에 반해 사람들이 나를 10달러의 주인공으로 뽑은 것 같아.

메리 레이비 & 존 플린

안녕? 나는 20달러 앞면의 주인공인 메리 레이비야! 사실 나는 처음 유배되어 호주에 왔단다. 호주에서의 첫 시작은 불명예스러웠지만 노력 끝에 선박과 부동산 사업에서 아주 큰 성공을 거두었지. 사람들이 여성 사업가로 큰 성공을 거둔 내 모습을 멋지게 봐준 것 같아. 내 얘기는 여기까지 하고 이젠 뒷면에 나온 멋진 남성을 만나봐.

안녕? 나는 20달러 뒷면의 주인공인 존 플린이야. 나는 호주 사람들에게 좋은 의료 서비스를 제공하기 위해 세계 최초로 항공기를 이용한 의료 단체를 만들었어. 사람들은 이를 '로열 플라잉 닥터 서비스'라고 부르지. 그 덕분에 메리 레이비와 함께 20달러를 장식할 수 있었어.

데이비드 유나이폰 & 에디스 코완

안녕? 나는 데이비드 유나이폰이라고 해. 나는 작가이자 발명가였어. 사람들은 나를 호주의 레오나르도 다빈치라 부르더라고(쑥스). 아마 내가 헬리콥터의 디자인을 멋지게 완성해서 그런 별명을 붙여준 것 같아. 또 나는 호주 원주민의 교육 및 지위 향상에 관심이 많았어. 50달러 앞면에는 내가 있지만 뒷면에는 또 멋진 여성이 있단다. 에디스 코완, 나와주세요!

안녕? 나는 에디슨 코완이야. 나는 호주에서 태어났어. 특히 나는 아동과 여성의 인권, 그리고 교육에 관심이 많았어. 호주 사람들이 사회운동가로서의 내 모습을 높이 평가해준 덕분에 내가 50달러의 뒷면을 장식할 수 있었던 것 같아.

Mozart

Never put off till tomorrow what may be done day after tomorrow just as well.

Mark Twain

In the field of observation, chance favors only the prepared mind.

Pasteur

I pay no attention whatever to anybody's praise or blame.
I simply follow my own feelings.

다른 사람이 칭찬을 하든지 비난을 하든지 나는 개의치 않는다. 다만 내 감정에 충실할 뿐이다.

PART
5

Day 81 - Day 100

Day 81

It's very hard to fail completely if you aim high enough.

당신이 목표를 아주 높게 잡는다면 완전히 실패하기란 매우 어려울 것이다.

_래리 페이지(Lawrence Edward Larry Page, 1973~)

핵심 포인트

fail 실패하다 **completely** 완전히 **aim** 목표, 목표하다 **enough** 충분히

It's hard to 동사는 '~하는 것은 어렵다'로 해석하며 It's easy to 동사는 '~하는 것은 쉽다'로 해석합니다.

예 **It's very easy to** say, but **it's very hard to** do.

말하는 것은 매우 쉬우나 행동하는 것은 매우 어렵다.

※ hard 대신 'difficult(어려운)'을 사용할 수 있습니다.

예 **It is difficult to** break a habit. 습관을 고치는 것은 매우 어렵다.

194

문장 해석

It's very hard to fail completely / if you aim / high enough.

완전히 실패하는 것은 어렵다 / 만약 네가 목표로 한다면 / 충분히 높게

→ 만약 네가 목표를 충분히 높게 한다면 완전히 실패하기는 어렵다.

낭독 & 필사하기

명언을 큰 소리로 여러 번 읽어보고 필사하면서 되새겨 보세요.

_____

_____

_____

인물 & 명언 살펴보기

래리 페이지는 구글의 창업자이자 최고경영자로 마이크로소프트의 빌 게이츠, 애플의 스티브 잡스, 페이스북의 마크 저커버그와 함께 혁신의 아이콘입니다. 스탠퍼드 대학 박사 과정에서 만난 세르게이와 연구 과제를 수행하던 중 검색 엔진을 개발하게 되었고 이를 시작으로 현재 전 세계인들이 쓰고 있는 Google을 만들었습니다. 오늘의 명언은 목표를 높게 설정하는 것이 여러분으로 하여금 더 많은 것을 성취할 수 있게 도와준다는 의미입니다.

생각해 보기

여러분의 꿈은 무엇인가요? 여러분의 목표를 조금 더 높여 볼까요?

Day 82 관련 교과 [사회 6-2] 2. 통일 한국의 미래와 지구촌의 평화 ★ ★ ☆

Live as if you were to die tomorrow.
Learn as if you were to live forever.

내일 죽을 것처럼 살아라. 영원히 살 것처럼 배워라.

_마하트마 간디(Mahatma Gandhi, 1869~1948)

Step 1 핵심 포인트

live 살다 **learn** 배우다 **forever** 영원히

as if는 '(마치) ~인 것처럼'으로 해석하며 **현재 사실이 아닌 것을 가정할 때**(가정법) 사용합니다.

주어 + 동사(현재) as if 주어 + 과거동사/were

예 She talks **as if** she **knew** the answer.

그녀는 마치 아는 것처럼 말한다.(사실 그녀는 모른다.)

He acts **as if** he **were** crazy. 그는 마치 미친 것처럼 행동한다.(사실 그는 미치지 않았다.)

Step 2 문장 해석

Live / **as if** you **were** to die tomorrow. / Learn / **as if** you **were** to live forever.
살아라 / 마치 네가 내일 죽을 것처럼 / 배워라 / 마치 네가 영원히 살 것처럼

→ 네가 내일 죽을 것처럼 살아라. 네가 영원히 살 것처럼 배워라.

Step 3 낭독 & 필사하기

명언을 큰 소리로 여러 번 읽어보고 필사하면서 되새겨 보세요.

_____

_____

_____

Step 4 인물 & 명언 살펴보기

마하트마 간디는 인도의 정신적·정치적 지도자였습니다. '마하트마'는 위대한 영혼이라는 뜻으로 인도의 시인 타고르가 지어준 이름입니다. 간디는 폭력보다 평화가 더 위대한 힘을 갖고 있다고 생각했습니다. 간디의 이런 비폭력적이고 평화적인 행동은 여러 종교와 민족으로 분열되어 있던 인도를 하나로 모이게 하였고 결국 인도는 영국으로부터 독립할 수 있었습니다. 오늘의 명언은 생활과 배움에 있어서 최선을 다하라는 의미입니다.

> **생각해 보기** 만약 내가 내일 죽는다면 오늘 꼭 하고 싶은 것이 있나요?

하루 10분, 우리 아이를 위한 영어 명언 100   197

If you want the present to be different from the past, study the past.

현재가 과거와 다르길 바란다면, 과거를 공부하라.

_바뤼흐 스피노자(Baruch Spinoza, 1632~1677)

Step 1 핵심 포인트

present 현재　past 과거

> ※ present는 '선물'이라는 뜻도 가지고 있습니다.
> 예 The present is a present. 현재가 선물이다.

---

be different from 는 '**~와 다르다**'로 해석합니다.
예 Twins can **be different from** each other. 쌍둥이는 서로 다를 수 있다.
　My idea **is different from** yours. 내 아이디어는 너의 것(너의 아이디어)과 다르다.

Step 2 문장 해석

If / you want the **present** to be different from the past, / study the past
만약 ~한다면 / 네가 현재가 과거와 달라지는 것을 원하다 / 과거를 공부해라.

→ 만약에 네가 과거와 다른 현재를 원한다면, 과거를 공부해라.

Step 3 낭독 & 필사하기

명언을 큰 소리로 여러 번 읽어보고 필사하면서 되새겨 보세요.

_____

_____

_____

Step 4 인물 & 명언 살펴보기

"내일 지구가 멸망해도 나는 사과나무를 심겠다"라는 말로 유명한 스피노자는 네덜란드의 철학자입니다. 다른 사람의 지배나 지휘를 벗어나 자유의 철학을 주장한 철학자로 자연이 곧 신이고 신이 곧 자연이라는 범신론을 주장했습니다. 유명한 저서로는 《에티카》《신학 정치론》이 있습니다. 오늘의 명언은 변화를 원한다면 과거를 되돌아보고 잘못된 점을 파악하여 개선하라는 의미입니다.

생각해
보기

여러분은 과거의 잘못된 행동을 통해 새롭게 깨달은 것이 있나요?

Nothing happens unless first we dream.

먼저 꿈꾸지 않는다면 그 어떤 일도 일어나지 않는다.

_칼 샌드버그(Carl Sandburg, 1878~1967)

Step 1 핵심 포인트

nothing 아무것도 아닌 것   happen 일어나다

unless는 '**만약 ~하지 않는다면**'으로 해석하며 문장과 문장을 연결하는 접속사입니다.

예 They will go camping **unless** it rains tomorrow.

만일 내일 비가 오지 않는다면 그들은 캠핑을 갈 것이다.

Never give advice **unless** asked.

청하지 않는 자에게 충고하지 마라.

Step 2 문장 해석

Nothing happens / **unless** / first we dream.

아무것도 일어나지 않는다 / 만일 ~하지 않는다면 / 먼저 우리가 꿈꾸다

→ **만일 먼저 우리가 꿈꾸지 않았다면 아무것도 일어나지 않을 것이다.**

200

낭독 & 필사하기

명언을 큰 소리로 여러 번 읽어보고 필사하면서 되새겨 보세요.

_____

_____

_____

인물 & 명언 살펴보기

칼 샌드버그는 시인, 작가, 역사가 등으로 활동하며 많은 업적을 남긴 위인입니다. "칼 샌드버그에 대해 짧게 적으려고 하는 것은 흑백사진 한 장으로 그랜드 캐니언을 담으려고 하는 것과 같다"는 말이 있을 정도로 미국에서 칼 샌드버그가 남긴 업적은 상당합니다. 링컨의 전기를 작성하여 퓰리처상을 받았고 위대한 업적 앞에서도 우쭐하지 않고 겸손했던 것으로도 유명합니다. 오늘의 명언은 꿈을 이루기 위해서는 먼저 꿈을 꿔야 한다는 말입니다.

> **생각해
> 보기**
>
> 여러분이 가장 이루고 싶은 꿈 세 가지를 적어 보세요.

Never look back
unless you are planning to go that way.

뒤로 가지 않을 거라면 돌아보지 마라.

_헨리 데이비드 소로(Henry David Thoreau, 1817~1862)

핵심 포인트

look back 뒤돌아보다   **unless** (만일)~하지 않는다면   **way** 길, 방향

be planning to 동사는 '**~할 계획이다**'로 해석합니다.

예 I **am planning to** travel. 나는 여행을 갈 계획이다.

    I **am planning to** hang out with friends. 나는 친구들과 놀 계획이다.

문장 해석

Never look back / unless / you **are planning to** go that way.

뒤돌아보지 마라 / (만일)~하지 않는다면 / 너는 그 길(방향)로 갈 계획이다.

→ 그 길(방향)로 갈 계획이 없다면 뒤돌아보지 마라.

Step 3 낭독 & 필사하기

명언을 큰 소리로 여러 번 읽어보고 필사하면서 되새겨 보세요.

_____

_____

_____

Step 4 인물 & 명언 살펴보기

헨리 데이비드 소로는 미국의 사상가 겸 문학가로 하버드 대학을 졸업하였으나 세속적인 명예나 돈에 관심을 두지 않고 자연과 교감하는 소박한 삶을 살았습니다. 28세 되던 해 월든 호숫가에 직접 오두막을 짓고 보낸 2년간의 자연주의 삶을 기록한 《월든》은 미국 산문 문학을 대표하는 고전으로 자리 잡았습니다. 또한 비폭력 운동과 흑인 인권 운동에도 영향을 끼쳐 20세기를 움직인 책 가운데 하나로 꼽히는 《시민 불복종》의 저자로도 잘 알려져 있습니다. 오늘의 명언은 이미 지나간 일은 돌이킬 수 없으니 앞만 보며 나아가라는 의미를 담고 있습니다.

생각해 보기   과거의 좋지 않은 일이 생각날 때 그 생각을 떨쳐낼 수 있는 여러분만의 방법이 있나요?

Regret is unnecessary. Think before you act.

후회는 불필요하다. 행동하기 전에 생각하라.

_윌리엄 쇼클리(William Bradford Shockley, 1910~1989)

핵심 포인트

regret 후회   unnecessary 불필요한

before은 '**~전에**'로 해석하며 문장과 문장을 연결하는 접속사입니다.

예 **Before** you answer the question, think carefully.

질문에 답하기 전에 신중하게 생각하라.

They want to see you **before** you leave.

네가 떠나기 전에 그들은 너를 보길 원한다.

※ after는 '~후에'로 해석하며 문장과 문장을 연결하는 접속사입니다.

예 She felt much better after she took some medicine.

그녀는 약을 먹고 난 후에 훨씬 좋아졌다.

문장 해석

Regret is unnecessary. / Think / **before** you act.

후회는 불필요하다 / 생각하라 / 네가 행동하기 전에

→ **후회는 불필요하다. 네가 행동하기 전에 생각하라.**

낭독 & 필사하기

명언을 큰 소리로 여러 번 읽어보고 필사하면서 되새겨 보세요.

_____

_____

_____

인물 & 명언 살펴보기

윌리엄 쇼클리는 미국의 물리학자입니다. 반도체를 만들 때 사용하는 실리콘(규소)과 현대 컴퓨터 기술의 핵심인 트랜지스터를 개발하며 '반도체의 아버지', '실리콘밸리의 아버지'로 불렸습니다. 하지만 스스로에 대한 우월감과 다른 사람을 믿지 못하는 성격으로 인성적으로는 아쉬운 평가를 받고 있습니다. 그렇지만 1956년 노벨물리학 수상자로 선정된 것이 보여주듯 그가 남긴 과학적 업적은 상당히 뛰어납니다. 오늘의 명언은 어떤 행동을 하기 전에 충분히 생각하면 후회할 일이 없다는 뜻으로 철저한 계획 후에 실행에 옮기는 것의 중요성을 알려줍니다.

생각해
보기

여러분은 생각하지 않고 행동하여 후회한 적이 있나요?

All battles are first won or lost in the mind.

모든 전쟁은 마음에서 처음 이기거나 진다.

_잔 다르크(Jeanne d'Arc, 1412~1431)

Step 1 핵심 포인트

battle 전쟁 be won 이기다 be lost 지다 mind 마음

or은 '**~이거나**' 또는 '**~아니면**'으로 해석하며 선택이 가능한 대상들을 연결하는 표현입니다.

예 Would you like some coffee **or** tea? 커피나 차를 마시겠습니까?

She will visit her family **or** meet her friends.

그녀는 가족을 방문하거나 친구들을 만날 겁니다.

Step 2 문장 해석

All battles / are first won **or** lost / in the mind.

모든 전쟁들은 / 처음으로 이기거나 지다 / 마음에서

→ 모든 전쟁은 마음에서 처음으로 이기거나 진다.

Step 3 낭독 & 필사하기

명언을 큰 소리로 여러 번 읽어보고 필사하면서 되새겨 보세요.

_____

_____

_____

Step 4 인물 & 명언 살펴보기

잔 다르크는 프랑스의 한 작은 마을에서 농부의 딸로 태어났습니다. 어느 날 "프랑스를 구하라"는 신의 음성을 듣고 조국을 구하기 위해 전쟁에 참여합니다. 어린 소녀의 노력으로 프랑스 군대는 사기가 높아졌고 영국과의 백년전쟁에서 승리를 거둡니다. 하지만 승리의 여신이라고 불리던 잔 다르크는 영국 왕실로부터 마녀라는 누명을 쓰고 화형을 당해 생을 마감하고 맙니다. 오늘의 명언은 전투에서 이기고 지는 것은 마음에 달렸다는 뜻으로 모든 것은 마음먹기에 달렸다는 의미입니다.

> **생각해 보기** 긍정적인 마음을 갖기 위해서는 어떤 노력을 해야 할까요?

Life is a tragedy when seen in close-up but a comedy in long-shot.

인생은 가까이서 보면 비극이지만 멀리서 보면 희극이다.

_찰리 채플린(Charles Chaplin, 1889~1977)

Step 1 핵심 포인트

tragedy 비극 seen 보다 close-up 근거리 촬영 comedy 희극
long-shot 원거리 촬영

when은 '~할 때'로 해석하며 문장과 문장을 연결하는 접속사입니다.

예 It's cold **when** it snows. 눈이 올 때는 춥다.

Can you turn off the lights **when** you leave home?

집을 떠날 때 불을 꺼주시겠어요?

Step 2 문장 해석

Life is a tragedy / **when** seen in close-up / but a comedy in long-shot.

인생은 비극이다 / 근거리(가까이)에서 보았을 때 / 하지만 원거리(멀리)에서는 희극

→ 인생은 가까이에서 보았을 때는 비극이지만 멀리서는 희극이다.

Step 3

낭독 & 필사하기

명언을 큰 소리로 여러 번 읽어보고 필사하면서 되새겨 보세요.

_____

_____

_____

Step 4

인물 & 명언 살펴보기

찰리 채플린은 1900년대 초반의 미국 할리우드에서 인기를 얻은 영국 출신의 영화배우이자 감독입니다. 찰리 채플린은 빈민 구호소에서 생활한 적이 있을 정도로 가난한 어린 시절을 보냈습니다. 하지만 배우인 부모님이 물려주신 천부적인 재능과 끊임없는 노력으로 〈모던타임즈〉〈위대한 독재자〉 같은 작품을 만들어 대중에게 기쁨과 위로를 선사했습니다. 오늘의 명언은 인생을 카메라에 비유한 표현입니다. 사진을 찍을 때 가까이서 보면 대상이 선명하게 보이듯 우리의 인생을 하나하나 뜯어보면 힘들고 어려운 일이 많습니다. 하지만 사진을 멀리서 찍으면 대상이 희미하게 보이는 것처럼 우리의 인생도 먼 훗날 돌아보았을 때 멋진 추억으로 기억될 것이란 의미입니다.

> **생각해 보기**
>
> 여러분이 지금 100살이라고 생각해 보세요. 100살의 여러분은 현재의 나에게 어떤 말을 해주고 싶나요?

Talent wins games,
but teamwork wins championships.

재능은 게임에서 이기게 하지만 팀워크는 우승을 가져온다.

_마이클 조던(Michael Jordan, 1963~   )

Step 1 핵심 포인트

talent 재능   win 이기다, 획득하다   teamwork 팀워크

championship 우승, 챔피언

---

but은 '그러나'로 해석하며 반대(대조) 관계에 있는 문장과 문장을 연결합니다.

예 I'm sorry **but** I can't stay any more. 미안하지만 나는 더 이상 못 있겠어.

It is a rainy day **but** I want to go on a picnic. 오늘은 비가 오지만 나는 소풍을 가고 싶어.

2 문장 해석

Talent wins games, / **but** / teamwork wins championships.

재능은 게임에서 이긴다 / 그러나 / 팀워크는 우승(챔피언)을 차지한다.

→ **재능은 게임에서 이긴다. 그러나 팀워크는 우승을 차지한다.**

3 낭독 & 필사하기

명언을 큰 소리로 여러 번 읽어보고 필사하면서 되새겨 보세요.

_____

_____

_____

Step 4 인물 & 명언 살펴보기

'농구 황제'로 불리는 마이클 조던은 120년 미국 농구 역사상 가장 위대한 선수로 꼽힙니다. 조던의 아버지는 어린 시절 키가 작은 조던에게 타고난 재능이 없어도 포기하지 않고 열심히 노력하면 언젠가 훌륭한 선수가 될 것이라고 했습니다. 아버지의 말대로 조던은 끊임없는 연습 끝에 위대한 선수가 되었습니다. 또한 팀의 리더로 동료들을 이끌며 6번의 우승을 거머쥐었습니다. 오늘의 명언은 개인의 재능도 중요하지만 각각의 재능이 결합된 팀워크야말로 더 큰 성과를 가져다준다는 의미입니다.

> **생각해 보기**
>
> 팀으로 하는 게임에서 개인의 재능보다 팀워크가 더 중요한 이유가 무엇이라고 생각하나요?

Study without desire spoils the memory, and it retains nothing that it takes in.

목적 없는 공부는 기억에 해가 될 뿐이며, 머릿속에 들어온 어떤 것도 간직하지 못한다.

_레오나르도 다 빈치(Leonardo da Vinci, 1452~1519)

Step 1 핵심 포인트

desire 욕구, 갈망   spoil 망치다, 못쓰게 만들다
retain 간직하다, 유지하다   take in 받아들이다, 이해하다

───────────────────────────────

and는 '그리고'로 해석하며 비슷한 문장과 문장을 연결하는 접속사입니다.

예 He is an artist **and** she is a pianist. 그는 화가이고 그녀는 피아니스트다. .

Step 2 문장 해석

Study without desire / spoils the memory, / **and** / it retains nothing that it
takes in.

욕구(목적) 없는 공부는 / 기억을 망친다 / 그리고 / 그것은 (머릿속에) 받아들인 어떤 것도 간직하지 못한다.

→ 욕구(목적) 없는 공부는 기억을 망친다. 그리고 그것은 머릿속에 받아들인 어떤 것도 간
   직하지 못한다.

낭독 & 필사하기

명언을 큰 소리로 여러 번 읽어보고 필사하면서 되새겨 보세요.

_____

_____

_____

인물 & 명언 살펴보기

레오나르도 다빈치는 르네상스 시대의 천재적인 화가였습니다. 사람의 몸을 해부해 과학적으로 분석했고, 이를 인체 소묘와 회화에 적용했습니다. 그리고 조각, 건축, 수학, 음악, 과학, 철학 등 다방면에 뛰어나 낙하산, 석궁, 헬리콥터 등 시대를 앞선 발명품을 설계하였으며, 그가 남긴 해부도는 의학 발전에 큰 영향을 끼쳤습니다. 그가 남긴 유명한 회화 작품으로는 〈최후의 만찬〉 〈모나리자〉 등이 있습니다. 오늘의 명언은 다양한 분야를 탐구했던 레오나르도 다빈치를 통해 공부에서 가장 중요한 것은 스스로 목적을 가지고 하는 것임을 알려줍니다.

> **생각해 보기**
>
> 오랜 시간 공부했는데 기억에 남는 것이 없었던 경험이 있나요?
> 그 이유가 무엇이라고 생각하나요?

Knowledge has to be improved, challenged, and increased constantly, or it vanishes.

지식은 향상시키고, 도전하고, 끊임없이 증대시켜야 한다. 그렇지 않으면 사라진다.

_피터 드러커(Peter Ferdinand Drucker, 1909~2005)

Step 1 핵심 포인트

knowledge 지식 be improved 향상시키다 be challenged 도전시키다
be increased 증대시키다 constantly 끊임없이 vanish 사라지다

두 단어를 나열할 때는 'A and B'로, 세 단어를 나열할 때는 'A, B, and C'로 표기합니다.

예 I like cats **and** dogs. 나는 고양이와 개를 좋아한다.
I like cats, dogs, **and** horses. 나는 고양이, 개, 그리고 말을 좋아한다.

Step 2 문장 해석

Knowledge has to / be improved, challenged, **and** increased constantly, /
or it vanishes.

지식은 ~해야 한다 / 끊임없이 향상시키고, 도전시키고, 그리고 증대시키다 / 아니면 그것(지식)은 사라진다.

→ 지식은 끊임없이 향상시키고, 도전시키고, 그리고 증대시켜야 한다, 아니면 그것 (지식)은 사라진다.

Step 3 낭독 & 필사하기

명언을 큰 소리로 여러 번 읽어보고 필사하면서 되새겨 보세요.

_____

_____

_____

Step 4 인물 & 명언 살펴보기

피터 드러커는 미국의 경영학자입니다. 피터 드러커는 기업이 사회의 발전에 기여할 수 있다는 믿음으로 꾸준히 기업에 대한 연구를 하였고 그 결과 오늘날 '현대 경영학의 아버지'로 칭송받고 있습니다. 또한 그는 철저한 자기 관리를 기반으로 《자기 경영 노트》를 비롯한 수많은 베스트셀러를 출간했으며 컨설턴트 및 미술 수집가로도 활동할 수 있었습니다. 오늘의 명언은 끊임없이 지식을 연구하여 발전시켜야 한다는 뜻입니다. 변화의 속도가 너무 빨라서 어제는 유용했던 것이 오늘은 쓸모없어지는 현대 사회에서 더욱 의미 있는 말입니다.

> **생각해 보기**
>
> 여러분은 공부를 해야 하는 이유가 무엇이라고 생각하나요?

When people tell you not to believe in your dreams, and they say "Why?", say "Why not?".

사람들이 당신에게 당신의 꿈을 믿지 말라며 "왜?"라고 말할 때 "왜 안 되는데?"라고 말해라.

_빌리 진 킹(Billie Jean King, 1943~   )

Step 1 핵심 포인트

when ~할 때 believe in ~을 믿다 tell (~에게 ~를) 말하다

---

why not은 '**왜 안 되는데?**'라는 뜻도 있지만 '**~하는 건 어때?**'라는 제안으로도 해석할 수 있습니다.

(예) A: You cannot go to the dance party. 당신은 그 무도회에 갈 수 없습니다.

   B: **Why not**? 왜 안 되죠?

(예) **Why not** write a letter to your friend? 네 친구에게 편지를 써보는 것은 어때?

Step 2 문장 해석

When / people tell you / not to believe in your dreams / and they say "Why?", / say "Why not?".

~때 / 사람들이 당신에게 말하다 / 당신의 꿈을 믿지 않을 것을 / 그리고 그들은 "왜?"라고 말하다 / "왜 안돼?"라고 말해라.

→ 사람들이 당신에게 당신의 꿈들을 믿지 말라며 그들이 "왜?"라고 말할 때 "왜 안돼?"라고 말해라.

Step 3 낭독 & 필사하기

명언을 큰 소리로 여러 번 읽어보고 필사하면서 되새겨 보세요.

Step 4 인물 & 명언 살펴보기

빌리 진 킹은 은퇴한 미국의 프로 테니스 선수로 그랜드 슬램 대회에서 여러 차례 우승을 거머쥐었습니다. 또한 빌리 진 킹은 여성 선수의 권익 신장을 위해서도 노력했습니다. 여성 테니스 선수를 비하한 바비 릭스 선수를 꺾고 압승을 거둔 이야기는 〈빌리 진 킹: 세기의 대결〉이라는 영화로 만들어지기도 했습니다. 오늘의 명언은 여러분의 꿈에 의문을 제기하는 사람들의 말에 휩쓸리지 말라는 뜻을 담고 있습니다. "왜 안 되는데?"라고 반문하며 꿈을 믿고 앞으로 나아가세요.

생각해 보기
여러분의 꿈을 반대하는 사람이 있다면 어떤 말을 해주고 싶나요?

Risks must be taken because the greatest hazard in life is to risk nothing.

위험은 감수해야 한다. 왜냐하면 인생에서 가장 큰 위험이 아무런 위험도 감수하지 않는 것이기 때문이다.

_레오 버스카글리아(Felice Leonardo Buscaglia, 1924~1998)

Step 1 핵심 포인트

risk 위험, 위험을 감수하다　**be taken** 선택되다　**hazard** 위험
nothing 아무것도 아닌 것

---

because는 '때문에'로 해석하는 접속사입니다. **because** 뒤에 오는 문장은 '**원인(이유)**'을 나타냅니다.

> 예　I study English everyday **because** I like English.　공부를 하는 이유
>
> 나는 영어를 좋아하기 **때문에** 영어를 매일 공부한다.

Step 2 문장 해석

Risks must be taken / **because** / the greatest hazard in life is / to risk nothing.

위험은 선택되어야 한다 / ~때문에 / 삶에서 가장 큰 위험은 ~이다 / 위험을 감수하지 않는 것

→ 삶에서 가장 큰 위험은 위험을 감수하지 않는 것이기 때문에 위험은 선택되어야 한다.

Step 3 낭독 & 필사하기

명언을 큰 소리로 여러 번 읽어보고 필사하면서 되새겨 보세요.

_____

_____

_____

Step 4 인물 & 명언 살펴보기

레오는 미국의 교육학자이자 작가, 강연가입니다. 교육자로 활동하던 레오는 어느 날 자신이 가르치던 제자의 자살에 충격을 받아 학교를 그만두고 학생들에게 삶의 지혜와 용기를 전하기 위해 강연가로 활동하기 시작합니다. 이후 사람들에게 '닥터 러브 (Dr. Love)'라고 불리며 사랑의 전도사가 됩니다. 오늘의 명언은 무언가를 이루기 위해서는 위험을 감수할 수 있어야 한다는 의미입니다.

생각해 보기   위험을 감수해서 더 좋은 결과를 얻어낸 경험이 있나요?

Do not fear to be eccentric in opinion, for every opinion now accepted was once eccentric.

별난 생각이라고 두려워 마십시오. 지금은 당연하게 받아들여지는 모든 생각이 한때는 별난 것이었으니.

_버트런드 러셀(Bertrand Russell, 1872~1970)

 핵심 포인트

fear ~을 두려워하다　eccentric 별난　opinion 의견, 생각
every 모든　accept 받아들이다　once 한때

---

for는 '**~이니까**' 또는 '**~이기 때문에**'로 해석하며 문장과 문장을 연결하는 접속사로
사용할 수 있습니다. for 뒤에는 **이유**에 해당하는 문장이 옵니다.

> 예 She is sleeping **for** she is tired. 그녀는 피곤해서 자고 있었다.

Step 2 문장 해석

Do not fear / to be eccentric in opinion, / **for** / every opinion now accepted /
was once eccentric.

두려워하지 마라 / 생각에 있어 별난 것 / ~이니까 / 현재 받아들여지는 모든 생각이 / 한때는 별났다

→ **생각에 있어 별난 것을 두려워하지 마라. 현재 받아들여지는 모든 의견이 한때 별
났으니까.**

낭독 & 필사하기

명언을 큰 소리로 여러 번 읽어보고 필사하면서 되새겨 보세요.

_____

_____

_____

인물 & 명언 살펴보기

버트런드 러셀은 수학과 논리학에 뛰어났던 철학자입니다. 수학, 과학, 역사, 종교, 정치학 등 다양한 분야의 책을 출간하며 왕성한 집필 활동을 했습니다. 그 결과 1950년 노벨문학상을 수상합니다. 러셀은 집필 활동 외에도 핵무장 반대 운동과 같은 다양한 사회정치운동도 펼쳤습니다. 오늘의 명언은 사람들이 이상하다고 생각하는 의견에 대해 말하는 것을 두려워하지 말라는 뜻입니다. 현재는 당연하다고 여겨지는 것도 처음 누군가 말했을 때는 이상한 의견이었을 수 있기 때문입니다.

생각해 보기

사람들이 이상하다고 생각할까봐 여러분의 생각을 말하거나 실행하기를 포기한 적이 있나요?

You are never too old to set another goal or dream a new dream.

또 다른 목표를 세우고 새로운 꿈을 꾸기에 너무 늦은 나이란 없다.

_C.S. 루이스(Clive Staples Lewis, 1898~1963)

핵심 포인트

set a goal 목표를 세우다　another 다른

too~ to~ 는 '**너무 ~해서 ~할 수 없다**'로 해석합니다.

예 I was **too** sad **to** laugh. 나는 너무 슬퍼서 웃을 수 없었다.

I was **too** tired **to** wake up. 나는 너무 피곤해서 일어날 수 없었다.

Step 2 문장 해석

You are never **too** old / **to** set another goal or / dream a new dream.

너는 결코 너무 늦지 않았다 / 다른 목표를 세우거나 / 새로운 꿈을 꾸는 데

→ **너는 다른 목표를 세우거나 새로운 꿈을 꾸는 데 결코 늦지 않았다.**

낭독 & 필사하기

명언을 큰 소리로 여러 번 읽어보고 필사하면서 되새겨 보세요.

_____

_____

_____

인물 & 명언 살펴보기

C.S. 루이스는 20세기 영국 문학의 대표 작가이자 영문학자입니다. 아동문학과 기독교 작가로 최고의 자리에 오른 루이스는 《나니아 연대기》《네 가지 사랑》《순전한 기독교》 등의 책과 글로 많은 이들에게 지혜와 감동을 주었습니다. 오늘의 명언은 무언가를 이루는 데 있어 늦은 때는 없다는 뜻으로 늦었다고 생각될 때가 가장 빠른 때라는 가르침을 줍니다. 늦었다고 포기하기보다는 일단 행동하라는 의미이기도 합니다.

생각해 보기 시작하기에 늦었다는 생각이 드는 일이 있나요? 생각을 바꾸어 오늘 당장 실천해 볼까요?

Never put off till tomorrow what may be done day after tomorrow just as well.

모레에도 똑같이 미룰 일을 내일로 미루지 마라.

_마크 트웨인(Mark Twain, 1835~1910)

Step 1 핵심 포인트

till ~까지   be done 끝내다   day after tomorrow 모레   as well 또한, 마찬가지로

put off는 '**미루다**'라는 의미로 유사한 뜻을 가진 단어로 **delay**나 **postpone**가 있습니다.

예 Don't be **delay**. 지체하지 마.

We must **postpone** our trip. 우리는 여행을 미뤄야만 한다.

Step 2 문장 해석

Never **put off** / till tomorrow / what may be done / day after tomorrow / just as well.

절대 미루지 마라 / 내일까지 / 끝내야만 하는 것 / 모레 / 마찬가지로

→ 끝내야만 하는 것을 내일까지 절대 미루지 마라. 모레도 마찬가지로 (미룰 일을).

명언을 큰 소리로 여러 번 읽어보고 필사하면서 되새겨 보세요.

_____

_____

_____

Step
4 인물 & 명언 살펴보기

마크 트웨인은 미국의 대표적인 소설가입니다. 유명한 작품으로는 《톰 소여의 모험》 《허클베리 핀의 모험》《왕자와 거지》 등이 있습니다. 일찍부터 인쇄소 수습사원으로 일하면서 독서와 글쓰기에 집중하였고, 많은 문학적 업적을 남겨 '미국 현대문학의 아버지'로 불립니다. 오늘의 명언은 해야 할 일을 미루지 말고 끝내라는 의미를 담고 있습니다.

생각해 보기 여러분은 할일을 미뤄서 힘들었던 경험이 있나요?

In the field of observation, chance favors only the prepared mind.

관찰에 있어 기회는 준비하는 자에게만 온다.

-루이 파스퇴르(Louis Pasteur, 1822~1895)

 핵심 포인트

field 분야, 들판   observation 관찰   mind 마음, 정신   prepared 준비된
in favor of ~을 찬성하는

---

favor은 '**돕다**'의 의미도 있지만 '**호의**'나 '**친절**', '**부탁**'의 의미로 사용합니다.

예 Would you do me a **favor**? 부탁 좀 들어주시겠어요?

I am **in favor of** your idea. 나는 당신의 아이디어에 찬성합니다.

Step 2 문장 해석

In the field of observation, / chance **favors** / only the prepared mind.

관찰의 분야에서 / 기회는 돕는다 / 오직 준비된 마음(사람)만

→ **관찰의 분야에서 기회는 오직 준비된 마음(사람)만 돕는다.**

226

Step 3 낭독 & 필사하기

명언을 큰 소리로 여러 번 읽어보고 필사하면서 되새겨 보세요.

Step 4 인물 & 명언 살펴보기

파스퇴르는 현대 미생물학의 기초를 다진 프랑스의 화학자입니다. 그는 생물은 저절로 생기는 것이 아니라 그 어버이 생물로부터 발생한다는 것을 증명했습니다. 포도주를 상하게 하는 미생물을 발견하고 그 미생물을 낮은 온도에서 가열하면 없앨 수 있다는 '저온 살균법'도 알아냈지요. 파스퇴르는 닭 콜레라 치료법을 개발하는 과정에서 우연히 약해진 세균으로 병을 가볍게 앓으면 그 병에 대한 면역이 생기는 것을 발견하고 그것을 '백신'이라 이름 붙였답니다. 덕분에 인류는 감염병을 예방하고 치료하는 큰 성과를 거두었습니다. 오늘의 명언은 연구와 관찰을 할 때 미리 공부하고 준비한 사람만이 새로운 사실을 보고 위대한 발견을 할 수 있다는 의미입니다.

> **생각해 보기**
>
> 어떤 문제를 해결하기 위해 고민하다가 우연히 해결한 경험이 있나요?

Don't compare yourself with anyone in this world. If you do so, you are insulting yourself.

자신을 그 누구와 비교하지 마라. 자기 자신을 모욕하는 행동이다.

_빌 게이츠(William Henry Bill Gates III, 1955~   )

핵심 포인트

anyone 누군가 insult 모욕하다

compare A with B 는 'A와 B를 비교하다'로 해석합니다.

예 Please don't **compare** me **with** friends. 나를 친구들과 비교하지 마세요.

I always **compare** my scores **with** others.

나는 항상 나의 점수를 다른 사람들과 비교한다.

Step 2 문장 해석

Don't **compare** / yourself **with** anyone in this world. / If you do so, / you are insulting / yourself.

비교하지 마라 / 너 자신과 이 세상에 있는 누군가와 / 만약 네가 그렇게 하면 / 모욕하는 중이다 / 너 자신을

→ 너 자신과 다른 사람을 비교하지 마라. 만약 네가 그렇게 하면 네가 네 자신을 모욕하는 것이다.

낭독 & 필사하기

명언을 큰 소리로 여러 번 읽어보고 필사하면서 되새겨 보세요.

_____

_____

_____

인물 & 명언 살펴보기

빌 게이츠는 컴퓨터 운영 체제인 윈도우(windows)로 유명한 마이크로 소프트의 창업 자입니다. 어린 시절부터 컴퓨터에 푹 빠져 지낸 빌 게이츠는 20대 초반의 젊은 나이 에 회사를 창업하여 개인용 컴퓨터의 운영 체제와 다양한 소프트웨어를 만들었습니 다. 자신이 세운 자선 단체를 통해 '재계 최고의 기부자'가 되어 지금도 자신의 재산을 나누며 선행을 실천하고 있습니다. 오늘의 명언은 자기 자신과 다른 사람을 비교하지 말라고 말합니다. 우리는 세상에서 하나밖에 없는 귀한 존재이기 때문입니다.

생각해 보기   여러분은 언제 자신을 다른 사람과 비교하게 되나요?

I pay no attention whatever to anybody's praise or blame. I simply follow my own feelings.

다른 사람이 칭찬을 하든지 비난을 하든지 나는 개의치 않는다. 다만 내 감정에 충실할 뿐이다.

_볼프강 아마데우스 모차르트(Wolfgang Amadeus Mozart, 1756~1791)

Step 1 핵심 포인트

whatever 무엇이든 anybody 누구든지 praise 칭찬
blame 비난 follow 따라가다 simply 그저

---

pay attention (to)는 '~에 주의를 기울이다'로 해석합니다.

예 Please **pay attention to** me. 나에게 집중해 주세요.

He needs to **pay attention to** my words. 그는 내 말에 귀를 기울일 필요가 있다.

Step 2 문장 해석

I **pay no attention** whatever / **to** anybody's praise or blame. / I simply follow / my own feelings.

나는 무엇이든지 주의를 기울이지 않는다 / 누군가의 칭찬 또는 비난에 / 나는 그저 따른다 / 나 자신의 감정에

→ 나는 무엇이든지 누군가의 칭찬 또는 비난에 주의를 기울이지 않는다. 나는 내 감정에 그저 따른다.

Step 3 낭독 & 필사하기

명언을 큰 소리로 여러 번 읽어보고 필사하면서 되새겨 보세요.

_____

_____

_____

Step 4 인물 & 명언 살펴보기

모차르트는 오스트리아의 음악가입니다. 음악의 신동이라는 별명답게 5세 때부터 작곡을 하여 천재성을 드러냈습니다. 하지만 죽은 사람의 영혼을 위로하기 위한 미사 음악 〈레퀴엠〉의 작곡을 완성하지 못한 채 서른다섯의 나이로 일찍 세상을 떠났습니다. 그럼에도 최고 경지에 오른 수많은 작품을 남겨 역사상 가장 뛰어나다는 평가와 함께 현재까지도 많은 사랑을 받고 있습니다. 오늘의 명언은 다른 사람의 생각과 말에 휘둘리지 말고 내 생각과 신념을 따르는 것이 중요하다는 말을 전하고 있습니다.

> **• 생각해 보기** 모차르트가 작곡한 곡을 찾아서 들어보고 가장 마음에 드는 곳을 적어봅시다.

A life spent making mistakes is not only honorable, but more useful than a life spent doing nothing.

실수하며 보낸 인생은 아무것도 하지 않고 보낸 인생보다 훨씬 존경스러울 뿐 아니라 훨씬 더 유용하다.

_조지 버나드 쇼(George Bernard Shaw, 1856~1950)

핵심 포인트

spend (과거 spent) ~(시간을)보내다   make a mistake 실수하다
honorable 명예로운, 훌륭한   useful 유용한, 도움이 되는

---

not only A but (also) B는 'A뿐만 아니라 B도'로 해석합니다.

예 She is **not only** kind **but also** smart. 그녀는 친절할 뿐만 아니라 똑똑하다.

He is **not only** a teacher **but also** an engineer.

그는 선생님일 뿐만 아니라 기술자입니다.

Step 2 문장 해석

A life spent making mistakes is / **not only** honorable, **but** more useful

/ than a life spent doing nothing.

실수하면서 보낸 삶은 ~이다 / 명예로울 뿐만 아니라 더 유용하다 / 아무 것도 하지 않고 보낸 삶보다

→ **실수하면서 보낸 삶은 아무것도 하지 않고 보낸 삶보다 명예로울 뿐만 아니라 더 유용하다.**

Step 3 낭독 & 필사하기

명언을 큰 소리로 여러 번 읽어보고 필사하면서 되새겨 보세요.

_____

_____

_____

Step 4 인물 & 명언 살펴보기

버나드 쇼는 영국의 극작가이자 비평가입니다. 《인간과 초인》《성녀 조앤》등 여러 희곡 작품을 썼으며 1925년 노벨문학상을 수상했습니다. 젊은 시절에 썼던 소설은 독자들에게 반응이 좋지 않았지만 포기하지 않고 노력하여 끝내 작가로 성공했습니다. 오늘의 명언은 설령 실수하더라도 무언가를 시도하는 것이 더 의미 있다는 뜻입니다.

> **생각해 보기** 실수할까봐 두려워서 시작하지 못한 일이 있나요?

화폐 속 위인과의 만남 5 뉴질랜드

이번 시간에 살펴볼 나라는 뉴질랜드입니다. 뉴질랜드도 호주처럼 다른 나라의 화폐와 다른 특징이 있습니다. 바로 앞면에는 인물이, 뒷면에는 동물이 나오도록 도안을 설계했다는 점입니다. 이는 뉴질랜드 사람들이 자연을 중요하게 생각하고 있음을 보여줍니다. 지금부터 뉴질랜드 사람들은 어떤 위인과 동물을 중요하게 생각하는지 살펴볼까요?

애드먼드 힐러리

안녕? 난 에드먼드 힐러리라고 해. 나는 1953년 5월 29일에 세계 최초로 에베레스트산을 올랐어. 이후 난 20세기 가장 위대한 탐험가 중 한 사람으로 선정되었지. 사람들은 이 점을 자랑스럽게 여겼고 덕분에 나는 5달러의 주인공이 될 수 있었어. 〈day 6〉에도 나처럼 멋진 등반가의 이야기가 나와 있으니 꼭 다시 한 번 공부해 봐. 5달러 뒷면에는 귀여운 펭귄이 나와 있어!

캐서린 셰퍼드

안녕? 나는 캐서린 셰퍼드야. 나는 사회운동가로 여성의 참정권을 위해 열심히 싸웠어. 그 덕분에 뉴질랜드는 세계에서 가장 먼저 여성의 선거권을 보장해줬지. 그래서 사람들은 나를 뉴질랜드 역사상 가장 뛰어난 여성 운동가로 기억해. 덕분에 나는 여성의 투쟁을 상징하는 하얀 동백꽃과 함께 10달러 앞면에 그려질 수 있었어. 내 뒷면에는 멸종 위기에 있는 푸른 오리(Blue Duck)가 나와 있어.

아피라나 응가타

나는 아피라나 응가타야. 나는 마오리족 출신인데, 열심히 공부해서 마오리족 출신으로는 처음으로 뉴질랜드 대학을 졸업하고 38년이란 긴 시간 동안 국회의원을 했어. 마오리족을 포함한 원주민의 인권 증진과 문화 보존을 위해 노력했지. 50달러 뒤에는 까마귀가 함께 새겨져 있어.

어니스트 루더포드

안녕? 나는 어니스트 루더포드야. 나는 세계 최초로 원자의 비밀을 발견하여 1908년에 노벨화학상을 수상했어. 그래서인지 사람들은 나를 핵물리학의 아버지라고 불러. 또 뉴질랜드 사람들은 이런 나를 자랑스럽게 생각하지. 100달러의 뒷면에는 뉴질랜드에 서식하는 희귀한 새인 카나리아가 새겨져 있어.

부록

명언 필사 | 초등 핵심 영단어 700

명언 필사

Day 01

Know yourself.

너 자신을 알라. _소크라테스

Day 02

Turn your wounds into wisdom.

당신의 상처를 지혜로 바꾸세요. _오프라 윈프리

See differently, Think differently.

남다르게 바라보고, 남다르게 생각하라. _데이비드 호크니

Don't find fault, find a remedy.

잘못을 찾지 말고 해결책을 찾아라. _헨리 포드

Don't follow the crowd, let the crowd follow you.

군중을 따르지 말고, 군중이 당신을 따르게 하라. _마가렛 대처

Day 06

Never the last without the first. That is the law.

시작 없는 끝은 없다. 그것이 법칙이다. _조지 맬러리

Day 07

Never be afraid to attack wrong.

그릇된 일을 공격하는 걸 두려워해서는 안 된다. _조지프 퓰리처

Day 08

I think, therefore I am.

나는 생각한다, 고로 나는 존재한다. _르네 데카르트

Peace is not everything, but without peace, everything is nothing.

평화가 모든 것은 아니지만, 평화 없이는 모든 것이 아무것도 아니다. _빌리 브란트

Am I doing the most important thing I could be doing?

나는 내가 할 수 있는 일 중에서 가장 중요한 일을 하고 있는가? _마크 저커버그

Change is never easy but always possible.

변화는 결코 쉽지는 않지만 항상 가능하다. _버락 오바마

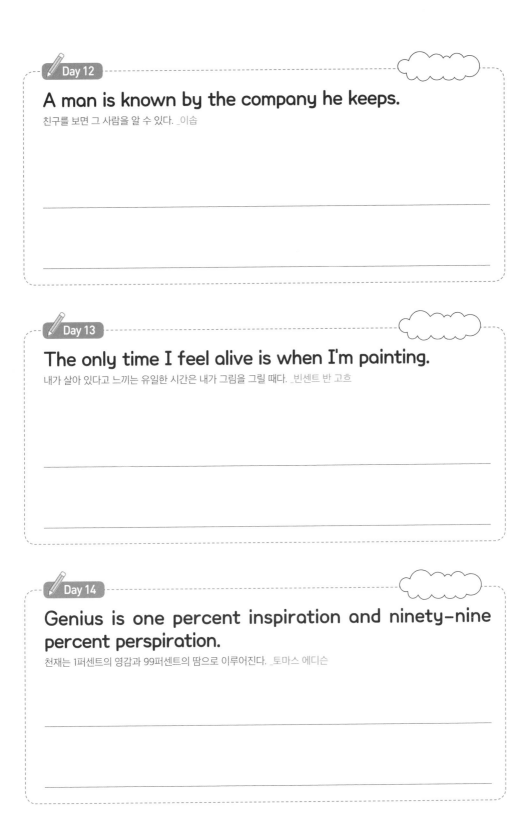

Day 12

A man is known by the company he keeps.

친구를 보면 그 사람을 알 수 있다. _이솝

Day 13

The only time I feel alive is when I'm painting.

내가 살아 있다고 느끼는 유일한 시간은 내가 그림을 그릴 때다. _빈센트 반 고흐

Day 14

Genius is one percent inspiration and ninety-nine percent perspiration.

천재는 1퍼센트의 영감과 99퍼센트의 땀으로 이루어진다. _토마스 에디슨

That's one small step for a man, one giant leap for mankind.

그것은 한 인간에게는 작은 한 걸음이지만 인류에게는 위대한 도약이다. _닐 암스트롱

The journey of a thousand miles begins with a single step.

천리 길도 한 걸음부터. _노자

Habit is a second nature that destroys the first.

습관은 제2의 천성으로 제1의 천성을 파괴한다. _블레즈 파스칼

Day 18

I have a dream.

나에게는 꿈이 있습니다. _마틴 루터 킹

Day 19

All things are difficult before they are easy.

모든 일은 쉬워지기 전까지는 어렵다. _토마스 풀러

Day 20

It ain't over till it's over.

끝날 때까지 끝난 게 아니다. _요기 베라

Day 21

Patience is bitter, but its fruit is sweet.

인내는 쓰나 그 열매는 달다. _장 자크 루소

 Day 22

Life's greatest happiness is to be convinced we are loved.

인생의 최고 행복은 우리가 사랑받고 있음을 확신하는 것이다. _빅토르 위고

 Day 23

People ask me, what keeps you going? I say, it's the silver lining.

사람들이 무엇이 당신을 나아가게 하나요?라고 물었을 때 나는 희망이라고 말한다. _왕가리 마타이

There is no royal road to learning.

학문에는 왕도가 없다. _유클리드

There is little success where there is little laughter.

웃음이 없는 곳에는 성공도 없다. _앤드류 카네기

There is nothing either good or bad, but thinking makes it so.

원래 좋고 나쁜 것은 다 생각하기 나름이다. _윌리엄 셰익스피어

Day 27

Innovation distinguishes between a leader and a follower.

혁신은 리더와 추종자를 구분 짓는다. _스티브 잡스

 **Day 28**

The pen is mightier than the sword.

펜은 칼보다 강하다. _에드워드 조지 불워 리튼

 Day 29

The world is more surprising than we imagine. It is more wonderful than we can imagine.

세상은 우리가 상상하는 것보다 더 놀랍다. 세상은 우리가 상상할 수 있는 것보다 더 **훌륭**하다. _존 버든 샌더슨 홀데인

It's better to hang out with people better than you.

나보다 나은 사람들과 어울리는 것이 좋다. _워런 버핏

Silence is better than unmeaning words.

의미 없는 말보다 침묵하는 편이 더 낫다. _피타고라스

It is better to be a human being dissatisfied than a pig satisfied.

만족한 돼지보다 불만족한 인간이 되는 편이 낫다. _존 스튜어트 밀

Be realistic, demand the impossible!

우리 모두 리얼리스트가 되자! 그러나 가슴 속에 불가능한 꿈을 갖자! _체 게바라

Impossible is a word to be found only in the dictionary of fools.

내 사전에 불가능이란 말은 없다. _나폴레옹 1세

Setting goals is the first step in turning the invisible into the visible.

목표를 정한다는 것은 보이지 않는 것을 보이게 만드는 첫 단계이다. _토니 로빈스

I would rather walk with a friend in the dark, than alone in the light.

어둠 속에서 친구와 함께 걷는 것이 밝은 빛 속에서 혼자 걷는 것보다 더 낫다. _헬렌 켈러

The more difficult the victory, the greater the happiness in winning.

이기는 데 어려움이 따를수록 이겼을 때의 기쁨도 큰 법이다. _펠레

Be less curious about people, and more curious about ideas.

사람에 대한 호기심은 덜 하고, 생각들에 대해 더 궁금해해라. _마리 퀴리

Day 39

At the end of the day, we can endure much more than we think we can.

하루의 끝에서 우리는 우리가 생각하는 것보다 더 많이 견딜 수 있을 겁니다. _프리다 칼로

 Day 40

Quiet people have the loudest minds.

조용한 사람은 가장 우렁찬 마음을 가지고 있다. _스티븐 윌리엄 호킹

 Day 41

Education is the most powerful weapon which you can use to change the world.

교육은 세상을 바꾸는 데 사용할 수 있는 가장 강력한 무기다. _넬슨 만델라

Day 42

The greatest victory a man can win is victory over himself.

사람이 할 수 있는 가장 훌륭한 승리는 바로 자기 자신을 이기는 것이다. _페스탈로치

 Day 43

I have the simplest tastes. I am always satisfied with the best.

나의 취향은 단순하다. 최고의 것에 만족하는 것이다. _오스카 와일드

 Day 44

It is possible to fly without motors, but not without knowledge and skill.

모터가 없이도 날 수 있지만, 지식과 기술 없이는 불가능하다. _라이트 형제

Day 45

Life is short, art is long.

인생은 짧고 예술은 길다. _히포크라테스

 Day 46

All our dreams can come true, if we have the courage to pursue them.

꿈을 추구할 용기만 있다면, 그 모든 꿈을 이루어낼 수 있다. _월트 디즈니

 Day 47

It does not matter how slowly you go as long as you do not stop.

멈추지 않는 이상 얼마나 천천히 가는지는 문제가 되지 않는다. _공자

Day 48

What matters in learning is not to be taught, but to wake up.

배움에서 중요한 것은 가르침을 받는 것이 아니라 깨우치는 것이다. _장 앙리 파브르

 Day 49

Every individual matters. Every individual has a role to play. Every individual makes a difference.

모든 개인은 중요하다. 모든 개인은 각자의 역할이 있다. 모든 개인은 차이를 만든다. _제인 구달

 Day 50

Every moment wasted looking back keeps us from moving forward.

과거를 돌아보며 낭비하는 모든 순간은 우리가 앞으로 나아가는 것을 막는다. _힐러리 클린턴

Day 51

In order to be irreplaceable one must always be different.

그 무엇으로도 대체할 수 없는 존재가 되기 위해서는 늘 남달라야 한다. _코코 샤넬

 Day 52

For beautiful eyes, look for the good in others.

아름다운 눈을 갖고 싶으면 다른 사람들에게서 좋은 점을 보아라. _오드리 헵번

 Day 53

No one has ever become poor by giving.

남 줘서 가난해지는 법 없다. _안네 프랑크

Everyone thinks of changing the world, but no one thinks of changing himself.

모두들 세상을 변화시키려고 생각하지만 정작 스스로 변하겠다고 생각하는 사람은 없다. _레프 톨스토이

When someone takes away your pens you realize quite how important education is.

누군가가 당신의 펜을 빼앗아 갈 때 당신은 교육이 얼마나 중요한지 깨닫게 됩니다. _말랄라 유사프자이

Example is not the main thing in influencing others. It is the only thing.

모범을 보이는 것은 남에게 영향을 줄 수 있는 유일한 방법이다. _알버트 슈바이처

Life has no limitations, except the ones you make.

인생에 한계는 없다. 당신이 만드는 것 외에는. _레스 브라운

Adventure is worthwhile in itself.

모험은 그 자체만으로도 해볼 만한 가치가 있다. _아멜리아 에어하트

Life itself is the most wonderful fairy tale.

인생 그 자체가 가장 훌륭한 동화다. _한스 크리스티안 안데르센

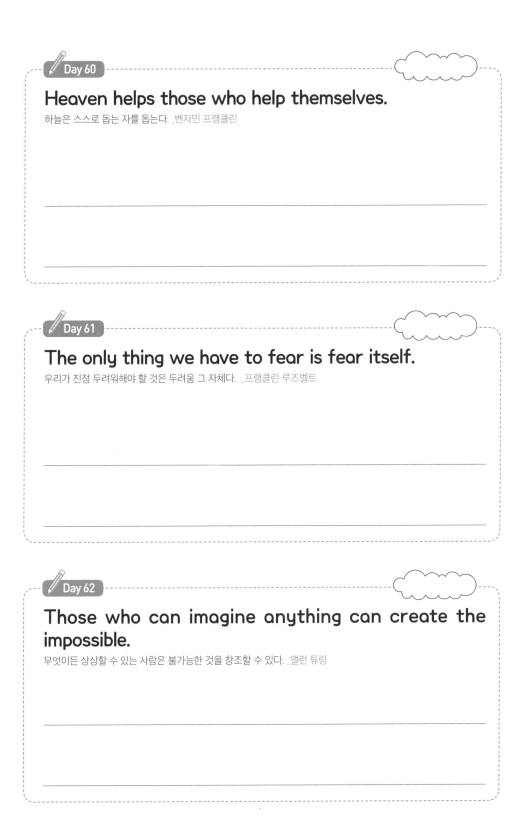

Day 60

Heaven helps those who help themselves.

하늘은 스스로 돕는 자를 돕는다. _벤자민 프랭클린

Day 61

The only thing we have to fear is fear itself.

우리가 진정 두려워해야 할 것은 두려움 그 자체다. _프랭클린 루즈벨트

Day 62

Those who can imagine anything can create the impossible.

무엇이든 상상할 수 있는 사람은 불가능한 것을 창조할 수 있다. _앨런 튜링

Nothing is art if it does not come from nature.

자연에서 나오지 않았다면 예술이 아니다. _안토니 가우디

Anything is possible if you've got enough nerve.

충분한 용기가 있다면 무엇이든 가능하다. _조앤 롤링

A person who never made a mistake never tried anything new.

실수한 적이 없는 사람은 새로운 것을 시도해 보지 않은 사람이다. _알버트 아인슈타인

Day 66

Ninety-nine percent of the failures come from people who have the habit of making excuses.

실패의 99%는 변명을 늘어놓는 습관을 가진 사람들에게서 생긴다. _조지 워싱턴 카버

Day 67

Government of the people, by the people, for the people shall not perish from the Earth.

국민의, 국민에 의한, 국민을 위한 정부는 이 지상에서 결코 사라지지 않을 것입니다. _에이브러햄 링컨

Day 68

A wise man will make more opportunities than he finds.

현명한 자라면 찾아낸 기회보다 더 많은 기회를 만들 것이다. _프랜시스 베이컨

What proceeds from you will return to you again.

너에게서 나온 것이 너에게로 돌아간다. _맹자

If you know your enemies and know yourself, you will not be imperiled in a hundred battles.

적을 알고 나를 알면 백 번 싸워도 위태롭지 않다. _손무

Don't think money does everything or you are going to end up doing everything for money.

돈이 모든 것을 한다고 생각하지 마라. 그렇지 않으면 당신은 결국 돈 때문에 모든 것을 하게 될 것이다. _볼테르

Everything you can imagine is real.

상상할 수 있는 모든 것은 현실이 될 수 있다. _파블로 피카소

With enough courage, you can do without a reputation.

용기만 있다면 명성 같은 것은 없어도 무엇이든 잘할 수 있다. _마거릿 미첼

You cannot force ideas. Successful ideas are the result of slow growth.

당신은 아이디어를 강요할 수 없다. 성공적인 아이디어는 느린 성장의 결과이다. _알렉산더 그레이엄 벨

Day 75

Knowing is not enough, we must apply. Willing is not enough, we must do.

아는 것만으로는 충분하지 않다. 반드시 적용해야만 한다. 의지만으로 충분하지 않다. 반드시 실행해야 한다. _요한 볼프강 폰 괴테

 Day 76

They say that time changes things, but you actually have to change them yourself.

사람들은 시간이 사물을 변화시킨다고 하지만 사실 당신 스스로 그것들을 변화시켜야 한다. _앤디 워홀

 Day 77

The real secret of success is enthusiasm.

열정이야말로 성공의 진정한 비결이다. _월터 크라이슬러

If there are poor on the moon, we will go there too.

가난한 사람이 있는 곳이라면 달까지라도 찾아갈 것이다. _마더 테레사

If I have a thousand ideas and only one turns out to be good, I am satisfied.

내게 천 가지의 아이디어가 있고 그 중 하나라도 쓸모 있다면, 나는 그것으로 만족한다. _알프레드 노벨

If I have seen further, it is by standing on the shoulders of Giants.

만약 내가 더 멀리 보았다면, 이는 거인들의 어깨 위에 올라서 있었기 때문이다. _아이작 뉴턴

Day 81

It's very hard to fail completely if you aim high enough.

당신이 목표를 아주 높게 잡는다면 완전히 실패하기란 매우 어려울 것이다. _래리 페이지

 Day 82

Live as if you were to die tomorrow. Learn as if you were to live forever.

내일 죽을 것처럼 살아라. 영원히 살 것처럼 배워라. _마하트마 간디

 Day 83

If you want the present to be different from the past, study the past.

현재가 과거와 다르길 바란다면, 과거를 공부하라. _바뤼흐 스피노자

Day 84

Nothing happens unless first we dream.

먼저 꿈꾸지 않는다면 그 어떤 일도 일어나지 않는다. _칼 샌드버그

Day 85

Never look back unless you are planning to go that way.

뒤로 가지 않을 거라면 돌아보지 마라. _헨리 데이비드 소로

Day 86

Regret is unnecessary. Think before you act.

후회는 불필요하다. 행동하기 전에 생각하라. _윌리엄 쇼클리

Day 87

All battles are first won or lost in the mind.

모든 전쟁은 마음에서 처음 이기거나 진다. _잔 다르크

 Day 88

Life is a tragedy when seen in close-up but a comedy in long-shot.

인생은 가까이서 보면 비극이지만 멀리서 보면 희극이다. _찰리 채플린

 Day 89

Talent wins games, but teamwork wins championships.

재능은 게임에서 이기게 하지만 팀워크는 우승을 가져온다. _마이클 조던

Day 90

Study without desire spoils the memory, and it retains nothing that it takes in.

목적 없는 공부는 기억에 해가 될 뿐이며, 머릿속에 들어온 어떤 것도 간직하지 못한다. _레오나르도 다 빈치

 Day 91

Knowledge has to be improved, challenged, and increased constantly, or it vanishes.

지식은 향상시키고, 도전하고, 끊임없이 증대시켜야 한다, 그렇지 않으면 사라진다. _피터 드러커

Day 92

When people tell you not to believe in your dreams, and they say "Why?", say "Why not?".

사람들이 당신에게 당신의 꿈을 믿지 말라고 말하며 "왜?"라고 말할 때 "왜 안 되는데?"라고 말해라. _빌리 진 킹

Day 93

Risks must be taken because the greatest hazard in life is to risk nothing.

위험은 감수해야 한다. 왜냐하면 인생에서 가장 큰 위험이 아무런 위험도 감수하지 않는 것이기 때문이다. _레오 버스카글리아

 Day 94

Do not fear to be eccentric in opinion, for every opinion now accepted was once eccentric.

별난 생각이라고 두려워 마십시오. 지금은 당연하게 받아들여지는 모든 생각이 한때는 별난 것이었으니. _버트런드 러셀

 Day 95

You are never too old to set another goal or dream a new dream.

또 다른 목표를 세우고 새로운 꿈을 꾸기에 너무 늦은 나이란 없다. _C.S. 루이스

Never put off till tomorrow what may be done day after tomorrow just as well.

모레에도 똑같이 미룰 일을 내일로 미루지 마라. _마크 트웨인

In the field of observation, chance favors only the prepared mind.

관찰에 있어 기회는 준비하는 자에게만 온다. _루이 파스퇴르

Don't compare yourself with anyone in this world. If you do so, you are insulting yourself.

자신을 그 누구와 비교하지 마라. 자기 자신을 모욕하는 행동이다. _빌 게이츠

I pay no attention whatever to anybody's praise or blame. I simply follow my own feelings.

다른 사람이 칭찬을 하든지 비난을 하든지 나는 개의치 않는다. 다만 내 감정에 충실할 뿐이다. _볼프강 아마데우스 모차르트

A life spent making mistakes is not only honorable, but more useful than a life spent doing nothing.

실수하며 보낸 인생은 아무것도 하지 않고 보낸 인생보다 훨씬 존경스러울 뿐 아니라 훨씬 더 유용하다. _조지 버나드 쇼

초등 핵심 영단어 700

A

act 행동, 행동하다

actor 배우

address 주소, 연설

after ~후에

afternoon 오후

again 다시

age 나이

ago ~전에

air 공기

airplane 비행기

airport 공항

album 앨범

all 모든, 모두, 전부

along ~을 따라서

always 항상

among ~사이에

angry 화난, 성난

animal 동물, 짐승

answer 대답하다

any 어떤, 무슨, 무언가

apartment 아파트

apple 사과

arm 팔

arrive 도착하다

ask 묻다, 질문하다

aunt 고모, 이모, 숙모

autumn 가을

away 떨어져

B

baby 아기

back 뒤에

bad 나쁜

bag 가방

ball 공

balloon 풍선

banana 바나나

bank 은행

basket 바구니

bath 목욕

be ~이다

beach 해변

bear 곰

beautiful 아름다운

because ~이기 때문에

become ~이 되다

bed 침대

before ~전에

begin 시작하다

behind ~뒤에

bell 종

between ~의 사이에

bicycle 자전거

big 큰, 커다란

bird 새

birthday 생일

black 검은, 검은색

blow (바람이) 불다

blue 파란색

body 몸, 신체

book 책

bottle 병

box 상자

boy 소년

bread 빵

break 부수다

breakfast 아침식사

bridge 다리

bright 밝은, 눈부신, 빛나는

bring 가져오다, 데려오다

brother 형제, 형, 오빠, 남동생

brown 갈색

brush 솔

build 짓다, 건설하다

burn 타다

bus 버스

busy 바쁜

buy 사다

by ~옆에

C

cake 케이크

calendar 달력

call 전화하다

camera 카메라

can 할 수 있다

candle 양초

candy 사탕, 캔디

cap 모자

capital 수도

captain 선장

car 자동차

card 카드

carpenter 목공

carry ~을 나르다

cartoon 만화

case 사례, 경우

cat 고양이

catch 잡다

ceiling 천장

center 중심, 중앙

chair 의자

chalk 분필

chance 기회

change 바꾸다

cheap 값싼

cheese 치즈

chicken 닭, 닭고기

child 어린이, 아이

chopstick 젓가락

church 교회

circle 원

city 도시

class 반, 수업

classmate 반 친구

clean 깨끗한, 청결한

climb 오르다

clock 시계, 탁상시계

close 닫다

clothes 옷

cloud 구름

club 클럽, 모임

coat 코트, 외투

coffee 커피

coin 동전

cold 추운, 차가운

color 빛깔, 색

come 오다

computer 컴퓨터

cook 요리사

cool 시원한

copy 복사하다

corner 구석

count 세다

country 나라, 국가

course 과정

cousin 사촌

cover 덮다

cow 암소

crayon 크레용

cream 크림

cross 십자가, 가로지르다

cry 울다

cup 컵, 잔

curtain 커튼

cut 자르다

cute 귀여운

D

dad 아빠

dance 춤추다

danger 위험

dark 어두운

date 날짜

daughter 딸

day 하루, 날, 요일

dead 죽은

deep 깊은

deer 사슴

desk 책상

dial 전화를 걸다

diary 일기

dictionary 사전

die 죽다

dinner 저녁식사

dirty 더러운

dish 접시

do 하다

doctor 의사

dog 개

doll 인형

dolphin 돌고래

door 문

down 아래에

draw ~을 그리다

dream 꿈

dress 드레스

drink 마시다

drive 운전하다

drop ~을 떨어뜨리다

drum 북

dry 건조한

duck 오리

E

ear 귀

early 일찍

earth 지구, 땅

east 동쪽

easy 쉬운

eat 먹다

egg 계란

empty 빈

end 끝

enigne 엔진

enjoy ~을 즐기다

enough 충분한

eraser 지우개

evening 저녁

every 모든

example 예시

excellent 뛰어난

excuse 변명, 용서하다

exercise 운동

eye 눈

F

face 얼굴

fact 사실

fair 공평한

fall 떨어지다, 가을

family 가족

famous 유명한

far 멀리

farm 농장

fast 빠른

fat 뚱뚱한

father 아버지

feel ~을 느끼다

few 거의 없는

field 들판

fight 싸우다

film 영화

find ~을 찾다

fine 좋은

finger 손가락

finish ~을 끝내다

fire 불, 화재

fish 물고기

fix 고치다

flag 깃발

floor 마루

flower 꽃

fly 날다

food 음식

fool 바보

foot 발

forget ~을 잊다

fork 포크

free 자유로운

fresh 신선한

friend 친구

from ~로부터

front 앞, 정면

fruit 과일

full 가득한

fun 재미

G

game 게임

garden 정원

gas 기름

gate 문

gentle 상냥한, 부드러운

get ~을 얻다

girl 소녀

give ~을 주다

glad 기쁜

glass 유리

glove 장갑

go 가다

God 신

gold 금

good 좋은

grandma 할머니

grape 포도

grass 풀, 잔디

gray 회색

great 거대한

green 녹색

ground 땅

group 모임, 집단, 무리

grow 자라다, 성장하다

guitar 기타

H

hair 머리카락

half 반

hall 회관

hamburger 햄버거

hand 손

handle ~을 다루다

handsome 잘생긴

happen 발생하다

happy 행복한

hard 딱딱한, 어려운

hat 모자

hate 미워하다, 싫어하다

have 가지고 있다

head 머리

hear ~을 듣다

heart 심장

heavy 무거운

help ~을 돕다

hen 암탉

here 여기에서, 여기에

hide 숨다

high 높은, 높게

hiking 하이킹, 도보여행

hill 언덕

hit 때리다

hold ~을 들다, 잡다, 쥐다

hole 구멍

holiday 공휴일, 휴일

hope 희망

horse 말

hospital 병원

hot 뜨거운

hour 시간

house 집

how 어떻게

hundred 백

hungry 배고픈

hurry 서두르다

hurt 다치다

I

I 나

ice 얼음

idea 생각

if 만약 ~한다면

in ~안에

ink 잉크

interest 관심, 흥미

introduce ~를 소개하다

island 섬

it 그것

J

job 직업

join ~참가하다

jump 뛰다

jungle 정글

just 단지

K

keep 간직하다, 계속하다

key 열쇠

kick 차다

kid 어린아이

kill 죽이다

kind 종류, 친절한

king 왕, 임금

kitchen 부엌

knee 무릎

knife 칼

knock 두드리다

know ~를 알다

L

lady 숙녀

lake 호수

lamp 등불

land 땅

large 큰, 커다란

last 마지막의, 최후의

late 늦은

laugh 웃다

lead 이끌다, 안내하다

leaf 잎

learn ~을 배우다

leave 떠나다

left 왼쪽

leg 다리

let ~하게하다, ~시키다

letter 편지, 글자

library 도서관

lie 거짓말, 눕다

light 빛, 가벼운

like 좋아하다

line 선, 줄

lion 사자

lip 입술

list 목록

listen 듣다

little 작은

live 살다

long 긴, 오랫동안

look 보다

lose 잃다

lot 많음

loud 소리가 큰, 시끄러운

love 사랑, 사랑하다

low 낮은

luck 행운

lunch 점심

M

mail 메일

make ~을 만들다

man 남자

many 많은

map 지도

market 시장

marry ~와 결혼하다

may ~해도 좋다, ~일지도 모른다

meat 고기

meet 만나다

melon 멜론

middle 중간, 중앙

milk 우유

million 백만

minute (시간의) 분

mirror 거울

model 모델

mom 엄마

money 돈

monkey 원숭이

month 달

moon 달

morning 아침

mother 어머니

mountain 산

mouth 입

move 움직이다

movie 영화

much 많은

music 음악

must ~해야 한다, ~임에 틀림없다

N

neck 목

need ~가 필요하다

never 결코~않다

new 새로운

news 뉴스, 소식

nice 멋진, 친절한

night 밤

noise 소음, 소리

north 북쪽

nose 코

now 지금, 현재

number 수, 숫자

nurse 간호사

O

often 흔히, 자주

office 사무실

old 늙은, 나이든

open ~을 열다

orange 오렌지

other 다른

out 밖에

P

page 쪽

paint 칠하다

pair 짝

pants 바지

paper 종이

pardon 용서, 용서하다

parent 부모

park 공원

party 파티

pass 통과하다

pay 지불하다

peace 평화

pear 배

pen 펜

pencil 연필

people 사람

piano 피아노

pick 고르다

picnic 피크닉

picture 그림

piece 조각

pig 돼지

pilot 조종사

pin 핀

pine 소나무

pink 분홍

pipe 파이프

place 장소

plan 계획

plane 비행기

plant 식물

play 놀다

please 제발, (남을) 기쁘게 하다

pocket 주머니

point 점수

police 경찰

pool 웅덩이

poor 가난한

post 우편

poster 포스터

potato 감자

practice 연습하다

present 현재, 선물

pretty 예쁜

print 인쇄하다

problem 문제

pull 당기다

push 밀다

put 놓다

Q

queen 여왕

question 질문

quick 빠른

quiet 조용한

R

radio 라디오

rain 비, 비가 오다

rainbow 무지개

read 읽다

ready 준비된

real 진짜의, 정말의

record 기록, 기록하다

red 빨간

remember 기억하다

repeat 반복하다

rest 휴식, 휴식하다

restaurant 식당, 음식점

return ~로 돌아가다, ~을 돌려주다

rice 쌀, 밥

rich 돈 많은, 부자의

ride 타다, (자동차를) 태워 주기

right 오른쪽

ring 반지, 벨이 울리다

river 강

road 길, 도로

robot 로봇

rock 바위

rocket 로켓

roll ~를 굴리다

roof 지붕

room 방

rose 장미

round 둥근

ruler 자

run 달리다

S

same 똑같은

sand 모래

say 말하다

school 학교

scissors 가위

score 점수

sea 바다

season 계절

seat 자리

see 보다

sell ~을 팔다

send ~을 보내다

shape 모양

she 그녀

sheep 양

ship 배

shirt 셔츠

shoot 쏘다, 발사하다

short (길이, 거리, 시간이) 짧은, (키가) 작은

shoulder 어깨

shout 외치다, 소리치다

show 보여주다, 구경거리, 쇼, 전시회

shower 소나기, 샤워

shut ~을 닫다

sick 병든

side 옆, 측면

sight 시력, 풍경

sign 표지

silver 은색

sing 노래하다

sister 여동생, 누나, 언니

sit 앉다

size 크기, 치수

skirt 치마, 스커트

sky 하늘

sleep 잠을 자다

slide 미끄러지다

slow 느린

smell 냄새

smile 미소

smoke 연기, 담배를 피우다

snow 눈, 눈이 내리다

soap 비누	step 걸음, 스텝
soccer 축구	stick 막대기
sock 양말	stone 돌
soft 부드러운, 푹신푹신한	stop 멈추다, 정류장
some 약간의	store 가게, 상점
son 아들	storm 폭풍우
song 노래	story 이야기
soon 곧	straight 똑바른
sound 소리	strange 이상한
south 남쪽	strawberry 딸기
space 우주, 공간	street 거리
speak 말하다	strike ~을 치다, 때리다
speed 속도, 속력	strong 힘센, 강한
spell (철자를) 쓰다	student 학생
spend (돈, 시간을) 쓰다, 소비하다	study 공부하다, 조사하다
spoon 숟가락	stupid 어리석은
sport 운동	subway 지하철
spring 봄	sugar 설탕
square 정사각형	summer 여름
stair 계단	sun 태양
stamp 우표	supermarket 슈퍼마켓
stand 서다	supper 저녁 식사
star 별	sure 확실한
start 출발하다, 시작하다	surprise 놀람, ~에 놀라다
station 정거장	sweater 스웨터
stay 남다, 머무르다	sweet 달콤한

swim 수영, 수영하다

swing 흔들리다

switch ~을 바꾸다

T

table 식탁, 테이블

take 가져가다

talk 말하다

tall 키가 큰

taste ~을 맛보다

taxi 택시

tea 차

teach 가르치다

telephone 전화기

television 텔레비전

tell 말하다

temple 절

tennis 테니스

test 시험

there 그곳에, 거기에

they 그들, 그것들

thick 두꺼운

thin 얇은

thing 물건

think 생각하다

thirsty 목마른

thousand 천(1,000), 천의

throw 던지다, 내던지다

thunder 천둥

ticket 표, 티켓

tiger 호랑이

time 시간

tired 피곤한

today 오늘

together 함께, 같이

tomato 토마토

tomorrow 내일

tonight 오늘 밤

tooth 이

top 꼭대기

touch (손으로)만지다

toy 장난감

train 기차

travel 여행하다

tree 나무

trip 여행

truck 트럭

true 진실의

try 시도하다

turn 돌다

twice 두 번, 2회

U

umbrella 우산

uncle 삼촌, 숙부

understand 이해하다

use ~을 사용하다

usual 흔히 있는

V

vacation 방학, 휴가

vegetable 채소, 야채

village 마을

visit 방문하다

W

wait 기다리다

wake 잠이 깨다, ~을 깨우다

walk 산책, 걷다

wall 벽, 담

want ~을 원하다

war 전쟁

warm 따뜻한

wash ~을 씻다

waste 낭비하다

watch 구경하다, 손목시계

water 물

way 길, 도로, 방법, 방식

we 우리

weak 약한, 힘없는, 허약한

wear (옷을) 입다

weather 날씨, 기후

week 주, 일주일

well 잘, 훌륭하게

west 서쪽

wet 젖은

what 무엇, 무슨

when ~할 때, 언제

where ~곳, 어디에

which 어느 것, 어느

white 흰색의

who 누구

why 왜

wide 폭이 넓은

win 이기다

wind 바람, ~을 감다

window 창문

wing 날개

winter 겨울

woman 여자, 여성

wonder 궁금해하다

wood 목재

word 단어

work 일, 일하다

world 세계

write 쓰다

wrong 틀린

Z

zero 영(0), 영의

zoo 동물원

X

X-mas Christmas의 축약형

xylophone 실로폰

Y

year 해, 년, (나이) ~살

yellow 노란색

yesterday 어제

yet 아직, 벌써

young 젊은, 어린

하루 10분,
우리 아이를 위한 영어 명언 100

초판 1쇄 발행일   2021년 2월 25일

지은이   이혜선 김혜진
펴낸이   유성권

편집장   양선우
책임편집   윤경선   편집   신혜진 백주영   해외저작권   정지현
홍보   최예름 정가량   디자인 박정실   일러스트   주하은
마케팅   김선우 김민석 최성환 박혜민 김민지
제작   장재균   물류   김성훈 고창규

펴낸곳   ㈜이퍼블릭
출판등록   1970년 7월 28일, 제1-170호
주소   서울시 양천구 목동서로 211 범문빌딩 (07995)
대표전화   02-2653-5131 | 팩스 02-2653-2455
메일   loginbook@epublic.co.kr
포스트   post.naver.com/epubliclogin
홈페이지   www.loginbook.com

로그인 은 ㈜이퍼블릭의 어학·자녀교육·실용 브랜드입니다.